新奇科学直播间
XINQI KEXUE ZHIBOJIAN

大放异彩的中国科技

张 康 编著

浙江科学技术出版社

图书在版编目(CIP)数据

大放异彩的中国科技/张康编著. —杭州:浙江科学技术出版社，2022.4

(新奇科学直播间)

ISBN 978-7-5341-9962-2

Ⅰ. ①大… Ⅱ. ①张… Ⅲ. ①科技发展－中国－青少年读物 Ⅳ. ①N12-49

中国版本图书馆CIP数据核字(2022)第050514号

新奇科学直播间

大放异彩的中国科技

编　　著	张　康	**印　　刷**	浙江全能工艺美术印刷有限公司
出版发行	**浙江科学技术出版社**	**开　　本**	710×1000　1/16
	杭州市体育场路347号	**印　　张**	9
	邮　编：310006	**字　　数**	100 000
	办公室电话：0571-85176593	**版　　次**	2022年4月第1版
	销售部电话：0571-85062597　85058048	**印　　次**	2022年4月第1次印刷
	网　址：zjkxjscbs.tmall.com	**书　　号**	ISBN 978-7-5341-9962-2
	E-mail：zkpress@zkpress.com	**定　　价**	29.80元
设计排版	大米原创		

责任编辑　王雪冰　潘黎明　颜慧佳　　**责任校对**　陈宇珊

责任美编　金　晖　　**责任印务**　叶文炀

写在前面的话

“世界上最小的海在哪里？”

“月亮上有玉兔吗？”

“蒸汽机真的是瓦特发明的吗？”

“人类发现的最古老的乐器是什么？”

……

亲爱的小读者们，你们的脑袋里是不是也时常会冒出许多“为什么”？你们是不是总喜欢对新鲜事物刨根问底，一探究竟？如果是，那么恭喜你，这说明你对这个世界怀有强烈的好奇心。好奇心是促进人类不断探索、不断进取的动力，它可以使人类的梦想生根发芽，进而开出美丽的花。

当一个孩子不再对自己所生活的世界好奇时，并不意味着他长大成熟了，只能说明他的心

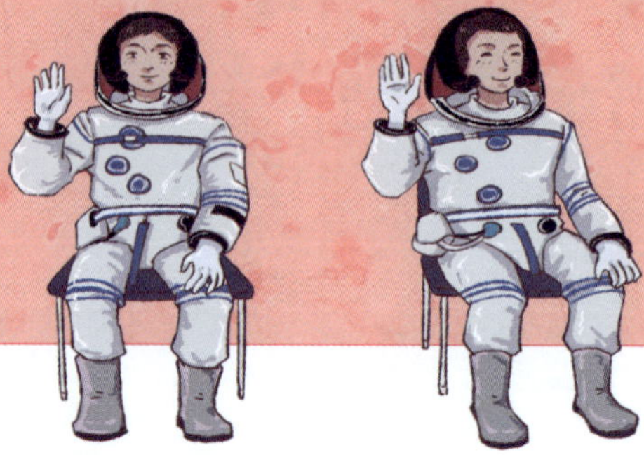

在慢慢地变老，他的精神花园在悄悄地衰败，这听起来多么可怕啊！所以，我们要学会对这个世界保持好奇，去探寻它所蕴含的神奇秘密。

这套书就是从世界秘密海洋中汲取出来的一勺水。它虽然量不大，但所展示的内容却能让你大吃一惊。当你阅读这套图书时，你会看到那些不可思议的世界纪录，那些令人拍案叫绝的奇妙发明，那些值得永载人类史册的伟大瞬间，以及那些我们的祖国正在发生着的科技新变化……

这个世界太奇妙，而我们所知的又太少！面对这个每天都在上演奇迹和新历史的世界，我们唯有怀着好奇心和勇气孜孜不倦地去探索，才能真正地主宰未来。孩子们，出发吧！让我们一起从这里启程，去了解这个日新月异的世界。

目录

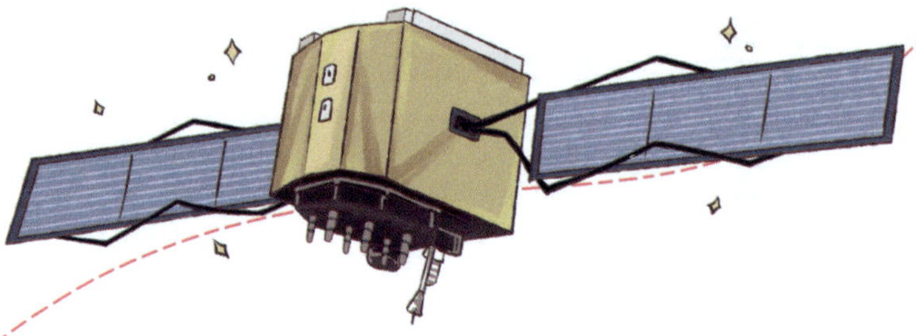

杂交水稻：闻名世界的东方魔稻

嘿，大家好，我是一株生长在中国东北平原的水稻。与传统的东北水稻相比，我是一个不折不扣的外来户，因为我是一株生长在试验田里的超级杂交水稻，也就是大家口中闻名世界的“东方魔稻”。

为什么会被誉为“魔稻”？当然是因为我有超级魔法，你看我身上的谷穗是不是特别重、特别饱满、特别多呢？的确，因为产量高得像被施了魔法一般，我才成了水稻界的大明星呢！据相关资料显示，超级杂交水稻的亩产量已经突破了1000千克，几乎是普通水稻亩产量的两倍。那么，像我这么厉害的水稻品种是如何出现的呢？这一切还得从一个名叫袁隆平的人说起……

1953年8月，中国湖南省安江镇的一所农业学校迎来了一位年轻的新教员，他便是袁隆平。当时，由于安江的这所农校严重缺少教师，所以袁隆平常常身兼数职，除了讲授农学课程外，还教过英语、俄语等外国语言课。

作为一名老师，袁隆平一直都奉行“学以致用”的原则。为了避免自己的学生“纸上谈兵”，他一方面将生产实践的内容纳入教材，一方面又开辟了很多试验田，让学生们真刀真枪地在田地里比试，而试验田也成了袁隆平师生们的战场。

1961年7月的一天，袁隆平像往常一样到试验田里观察水稻。结果，他在一片稻田里意外地发现了一株长势特别的水稻。这株水稻不仅比周围的水稻高出一大截，而且所结的穗也特别大。袁隆平看到后，情不自禁地喃喃道：“鹤立鸡群，鹤立鸡群啊！”

原来，在那个年代，粮食产量不高，以至于中国百姓的温

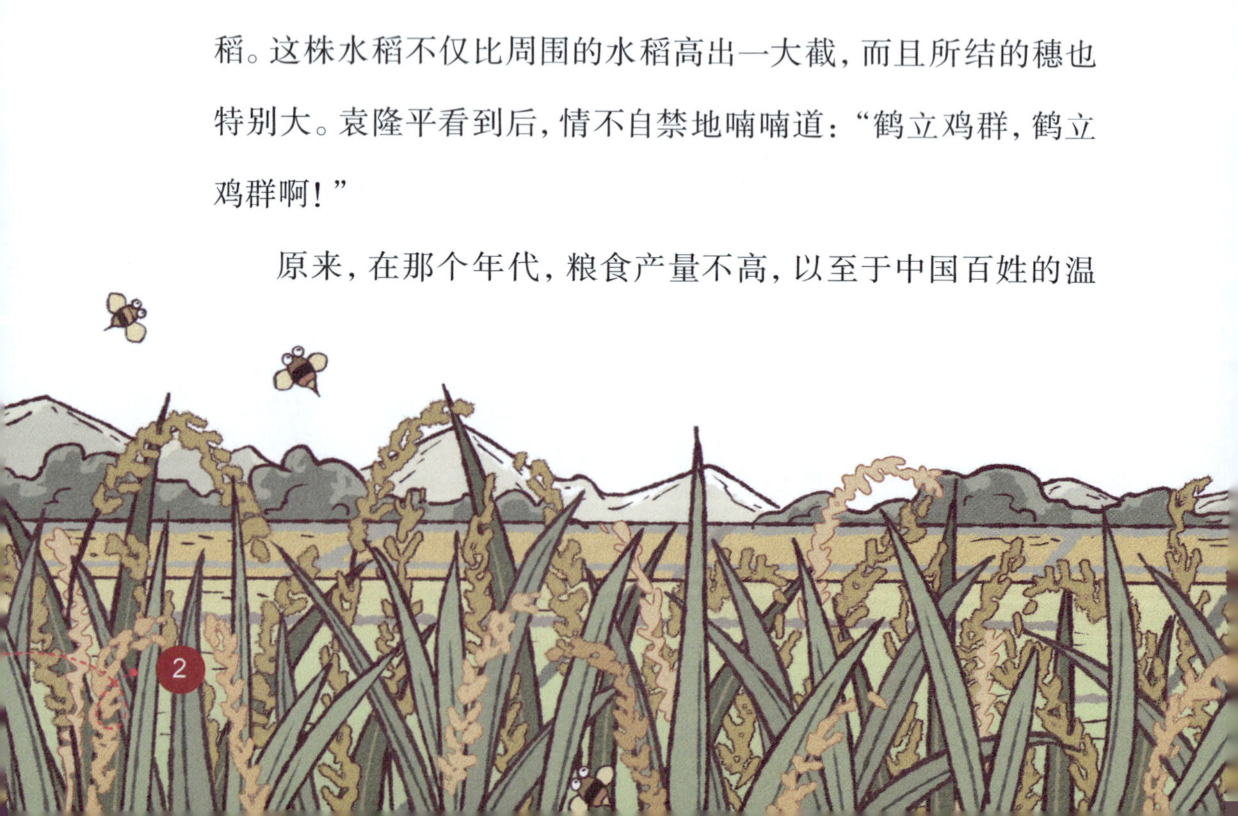

饱都无法保障。那株“鹤立鸡群”的水稻让袁隆平看到了希望，因为如果天下的水稻都能长成那样，老百姓们还怕种不出足够的粮食吗？

于是，当那株“鹤立鸡群”的水稻成熟时，袁隆平便像对待珍宝一样将它的种子收集了起来，并在第二年进行了试种。可惜的是，那些被寄予厚望的种子并没有“青出于蓝而胜于蓝”，甚至连第一代“鹤立鸡群”的优势也丢掉了。

“早就说那家伙只是个异类，这下没招了吧！”不少人都乐了，他们认为让水稻结更大的穗完全就是痴人说梦。

可袁隆平没有放弃，反而一遍遍地问自己：为什么？为什么如此优良的种子没有继承“父本”水稻的优势呢？经过不断思考研究，他终于明白了：水稻是一种自花授粉的植物，如果这一代水稻是纯种的并且身上有很多优势（比如穗大、籽多），那么它的下一代也会继承这个

优势。但是，如果这一代水稻不是纯种，而是杂种（杂交），那么它的下一代就不一定会继承上一代的优势。也就是说，当初那株“鹤立鸡群”的水稻是杂交稻，不是纯种，不然这次试验也不会失败了。

袁隆平在推测出“鹤立鸡群”的水稻是天然杂交稻后，又遇到了一个新问题。原来，遗传学的经典理论认为水稻是自花授粉，应该无杂交优势，即杂交水稻不可能比原先的纯种水稻长得好。可是，“鹤立鸡群”的那株水稻又该怎么解释？答案只有一个，那就是以前的理论有问题，水稻也像其他很多植物一样，存在着杂交优势。

1962年夏天，袁隆平又发现了外形和品质不同的水稻经过杂交所产生的后代远远优于双亲的现象。此后，袁隆平开始突破传统观念的束缚，将精力转到杂交水稻的培育上。

既然水稻存在着杂交优势，那应该可以借此来培育出优良的水稻种子，不然当年那株“鹤立鸡群”的水稻苗又是从何而来的呢？但是，有一点也必须承认，即通过杂交优势来培育良种是非常困难的。其实，在袁隆平之前，发达国家已经有部分科学家意识到了水稻也存在着杂交优势，并进行了大量的研究。不过，他们研究了几十年也没有达到预期目标，更没有培育出可大量用于农业生产的杂交水稻。

那么多科技发达的国家、世界知名学者都没能解决的世界性难题，一个名不见经传的农学教师凭什么敢去尝试解决呢？当时很多人都不看好袁隆平的研究，袁隆平却不以为意，依然勤勤恳恳地工作着，并决定通过培育雄性不育系、雄性不育保持系和雄性不育恢复系的"三系法"来培育杂交水稻。其中最为关键的实验材料便是天然雄性不育的水稻苗。众所周知，正常的水稻都是雌雄同株同花，到哪里去找天然雄性不育的水稻呢？答案只能是大自然。

1964年，稻花开放时节，袁隆平头戴草帽，手持放大镜在一片片稻田里走走停停，仔细地寻找着雄性不育植株。由于水稻的花期不长，一旦错过这个时节就很难再辨别水稻，所以袁隆平不敢懈怠。可是一天过去了，一周过去了，不育植株依然没能找到。周围的人见他每天顶着烈日辛苦寻找却一无所获，便劝他放弃，毕竟在茫茫稻海中找一株几乎不存在的水稻，无异于大海捞针。但袁隆平不这么想，他坚信不育植株就在面前的某片稻田里。

功夫不负有心人，就在袁隆平拿着放大镜苦苦寻找目标的第14天，一株"天然雄性不育株"水稻终于出现在他的面前。而

这株水稻便成了建造未来超级杂交稻王国的“火种”。

有了“天然雄性不育株”，袁隆平的杂交水稻育种试验终于正式迈出第一步，并在当年通过人工授粉收获了数百粒第一代雄性不育株种子。1965年，袁隆平及其助手们又在14000多株稻穗中找到了6株不育株。自此以后，袁隆平手上的不育材料开始多了起来。但就在研究工作如火如荼地展开时，一场灾难突然降临。

1968年5月的一天，袁隆平含辛茹苦培育的700多株不育秧苗，竟然一夜之间全部被人拔除毁坏。得知几年的心血毁于一旦，袁隆平犹如五雷轰顶。他拼了命地四处寻找那些被拔除的稻苗。一连找了好几天，最后发现所有的稻苗都被作案者扔进了一口水井里，当时水面上还漂浮着几株稻苗。袁隆平一看到自己培育的试验材料，想都没想便“扑通”一声跳下井去，打捞那些他视若珍宝的秧苗。最终，5株稻苗得以幸存，也正是这几株小小的绿色稻苗才让研究能够继续下去。1970年，袁隆平的杂交水稻研究在取得一系列成果的同时，也遇到了一个不小的瓶颈。由于试验材料和条件的限制，他始终无法培育出理想的杂交水稻品系。问题到底出在哪儿呢？

袁隆平与助手们进行了商议，他们一致认为研究之所以没有新突破，主要是因为试验材料之间的亲缘关系太近，如果能找到亲缘关系比较远的野生水稻，杂交稻的研究肯定会有新进展。于是，袁隆平一行人再一次向大自然求助，寻找野生雄性不育植株。幸运的是，他们天南地北地在野外跑了几个月，终于在一片沼泽地里寻得了一株野生雄性不育稻。

那株野生稻虽然其貌不扬，却让袁隆平的研究豁然开朗。从1961年偶遇杂交稻开始，袁隆平经过十几年的潜心研究，终于在1973年率先掌握了杂交水稻的育种技术，后来经过全国推广，水稻亩产量很快就由最初的300千克提高到了500多千克。中国成功培育出杂交水稻的消息震惊了全球。20世纪80年代，美国、日本、菲律宾、巴西等国家纷纷引进杂交水稻，而袁隆平也因此被人们誉为“杂交水稻之父”。

这便是我们超级杂交水稻的诞生历史。不过，袁隆平爷爷并没有止步于此，因为在他心中一直都有个“禾下乘凉梦”，他梦想有一天水稻会长得像高粱那么高、籽粒有花生米那么大，人们甚至可以在稻下乘凉。

为此，人们每天都能看到一位老人，不顾腿脚不便，蹲在田间地边查看杂交水稻的生长情况。年轻人都劝他、不让他下田干活，但袁爷爷总是笑着对这些年轻人说：“我是上了点年纪，可是我下田干活一点儿也不比你们年轻人差。我的腿脚在干活的时候才显得更有力呢！”

如今，“禾下乘凉梦”正因巨型稻的出现而逐渐变为现实。和普通水稻相比，巨型稻最显著的特征便是身形高大、挺拔，据统计，其平均株高可达2米。在产量上，巨型稻也要比普通水稻高出一大截，亩产量可达700千克。

令我们无比伤心的是，2021年5月，袁爷爷离我们而去了。和人类一样，所有的水稻兄弟姐妹们也都难过得垂下了头。但我相信，他一定变成了天上最亮的那颗星，看着我们一代代越长越大、越长越好。

人工血液：再造生命之泉

众所周知，血液有着运输养分和氧气的作用，是人体生理功能正常运转的基础和根本，堪称生命之泉。研究表明，一个人的失血量一旦超过自身血液总量的25%～30%时，就必须采取输血措施才能挽救其生命。为了保证医院血库充足，相关机构在很早之前便大力提倡人道主义献血，然而目前这一方法并不能保证充足的血液供应。况且，志愿者所献的血液还存在着无法长期保存、容易被病原微生物污染等问题。那该怎么办呢？为了解决这一矛盾，“人工血液”便应运而生。

“人工血液”也可称为人造血液或者人工替代血液，是指一类具有载氧能力，可暂时替代人体血液部分功能的液体制

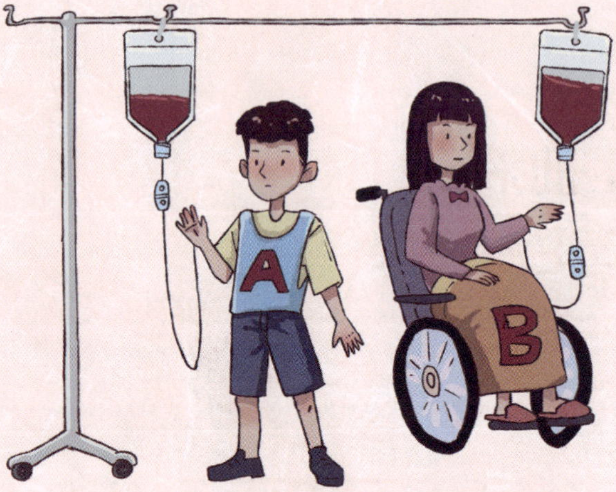

剂。目前，“人工血液”主要有三种：一是人工合成的血红蛋白；二是用天然血红蛋白制成的人工红细胞；三是人工合成具有携氧功能的氟碳化合物。大家从这里也能看出，“人工血液”虽带有“血液”二字，但与真正的血液相比，它们之间还是有着很大区别的，甚至有些在颜色上也迥然不同。例如，正常血液都是呈红色，而有的“人工血液”（氟碳化合物溶液）却是乳白色的。

另外，很多人一听到“人工血液”这个词，都会想当然地认为它是现代高科技产物。事实上，“人工血液”的历史并不短，早在20世纪60至70年代便已经出现了初代“人工血液”，而它的主要成分就是上文提及的氟碳化合物。氟碳化合物能溶解大量的氧气，在乳化状态下可以像血液一样进入人体的各个组织和器官，让细胞完成新陈代谢。待氧气释放完以后，氟碳化合物又能以人眼难辨的颗粒状，经呼吸作用从肺部排出，或通过排汗过程离开人体。

最让人们惊喜的是，氟碳化合物除了具有红细胞的携氧功能外，还不会受到血型的限制。很多人看到此处可能会有疑问，现代医护人员在给病患输血（正常血液）时往往会事先考虑不同血型的匹配问题，因为输入的血液如果与病人血型不相配，便会发生严重的凝血反应，进而危害病人的生命安全。而氟碳化合物制备的“人工血液”竟然不用考虑此类问题，这是为什么呢？其实答案很简单。我们平时所说的血型通常是指ABO血型，它们是按红细胞膜上所含有的抗原来进行分类的，但氟碳化合物不具有细胞膜，根本不存在抗原这一说。所以，这种“人工血液”可以给任何血型的人输血而不发生凝血反应。

由氟碳化合物制备的“人工血液”曾在20世纪70到80年代大放异彩。1979年，该“人工血液”首次在日本被应用于人体单肾脏移植手术，并取得了成功。随后，美国也进行了此类手术并

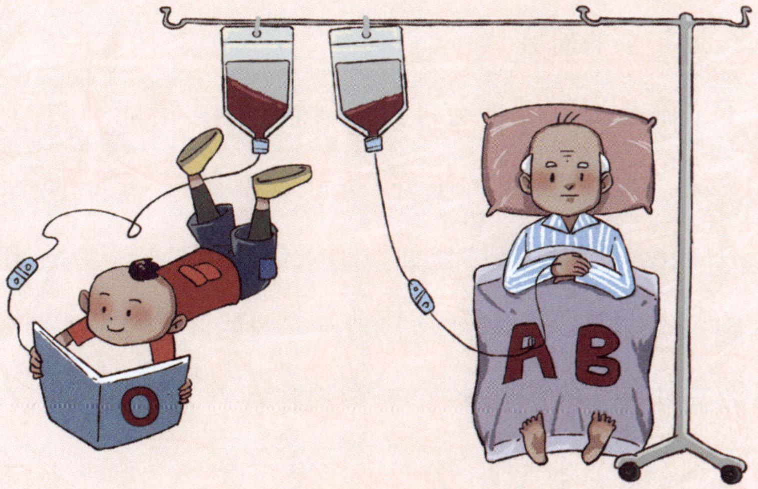

出现了相关报道。当然，中国也不甘落后。1980年，中国的科学工作者经过5年的苦心钻研，终于借助氟碳化合物成功研制出了“人工血液”，由此，中国进入该领域的世界前列。

不过，随着研究的深入，人们发现由氟碳化合物制备的“人工血液”虽然可以暂时帮助人们续命，但它也存在很多难以避免的缺点，比如无法像真正的血液那样为人体输送养分、不具备凝血功能、无免疫力等。为此，各国科学家们又不得不想办法来提高“人工血液”的性能。到了21世纪，随着生物工程技术的快速发展，制备“人工血液”的途径也变得越来越多，其中通过干细胞在体外培养红细胞是近年来的研究热点。

干细胞是指一类具有自我复制能力的多潜能细胞，它在医学界有着“万用细胞”的美誉。也就是说，在一定条件下，干细胞可以转化成其他细胞，比如造血干细胞就能转化为红细胞、白细胞、T细胞等。也正因为干细胞有着如此特性，科学家们才将制备高性能“人工血液”的希望寄托在它的身上。

用干细胞制备“人工血液”虽然听上去可行，但真正实践起来却异常艰难。先不说如何控制干细胞的分化方向，让其“乖乖”转化成人们所需的红细胞，单是怎样提高干细胞的扩增率、使其增殖的数量达到人们的需求，就足以让众多研究人员焦头烂额。

但再大的困难也挡不住那些有恒心的人。其中，中国人民解放军军事医学科学院野战输血研究所、全军干细胞与再生医学重点实验室的裴雪涛便是一个敢于挑战困难的人。

裴雪涛出生于云南昆明，是一个标准的60后。他本科毕业于重庆第三军医大学医疗系，参加工作后主要从事干细胞生物学与再生医学的基础和应用研究。

再生医学是20世纪80年代后才出现的一个新兴学科，其内容主要涉及干细胞与克隆技术、组织工程、组织器官代用品和异种器官移植这四大模块。

正是因为它属于一门新学科，所以目前在国际上还没有被完全认可与界定，甚至在某些方面的研究还存在争议。但不管怎样，再生医学一旦有所突破，的确会给人类社会带来很大的改变，届时全人类都将从中获益。

裴雪涛对科研工作一直孜孜以求，从不懈怠。由于成果斐然，在2005年5月的第二届世界再生医学大会上，他还获得了大会唯一的最高荣誉奖——Paul H Fraisse（保罗·弗雷泽）“最佳科学贡献奖”。这是中国科学家在该领域获得的最高奖项，而此次获奖也标志着中国已经在国际再生医学领域占有重要的一席之地。

21世纪初期，在再生医学领域，干细胞制备“人工血液”已经成为各国的研究热点。裴雪涛作为中国该领域的代表性人物，也组建了一支科研团队与其他国家的科研人员同台竞技。其间，美国、法国、英国等发达国家虽然在此类研究上获得了一定的进展，但取得的成果与临床应用之间还存在着较大的差距。

“人工血液”要想成功应用于临床，必须跨过三道坎，具体来说就是足够安全、可量产且成本较低。

提到安全性，那自然是最重要的。毕竟研究“人工血液”的首要目标就是代替血液，救人性命。如果一种“人工血液”连这一点都做不到，那它根本没资格谈临床应用。

至于可量产和低成本，它们俩常常是相辅相成的。试想一下，一种“人工血液”虽然可以代替血液实现某些功能，但无法走出实验室，一个月的产量还不够一个病人的输血量，并且成本高得吓人，甚至输一小袋血要花费几十万元，那么这种“人工血液”也是没有意义的。

美国、法国、英国等国家在干细胞制备“人工血液”时就卡在了干细胞向特定功能细胞诱导效率不高、体外制备的红细胞成熟脱核效能有限、规模化扩增生产成本较高等重难点问题上。其中，最关键的是达到临床应用级别的规模化扩增技术没有突破。

裴雪涛领导的中国科研团队也遇到了类似的问题。不过，他们在历时10年的集智攻关后，终于在2016年建立了全新的“人工血液”制备工艺，并通过干细胞技术成功制备出“人工红细胞”。

经鉴定，中国制备的“人工红细胞”在各项指标上与正常红细胞基本一致，并且其扩增率可达10万倍以上，极具规模化生产的潜力。这一研究的成功，说明中国造血干细胞制备“人工血液”的技术已经达到了国际一流水平。

裴雪涛团队下一步将致力于规模化制备红细胞，将其与特定功能血浆复合后，形成具有完整生理功能的新型“人工血液”，以满足日常临床及战时输血救治需求。该团队选择的这条科研道路注定艰辛，但长路漫漫终有到达的一天，相信随着科技的进步，在不久的将来，“人工血液”一定可以像现在的生理盐水一样，实现低成本的量产。

另外，在裴雪涛团队取得阶段性成果后，浙江大学与浙江大学医学院附属第二医院的科研团队又于2020年联合完成了“通用熊猫血”的研制，实现了“通用熊猫血”的人工构建和安全输血。这一科研成果为稀有血源短缺问题的解决提供了一个新方法，也为“人工血液”的功能改造提供了一个新思路。

不过，最让人感到兴奋的是，科学家们在努力提升“人工血液”性能的同时，也在逐步改进“人工血液”的便携性，因为在某些场景下（如战场），能否尽快给病患输血是生死攸关的事情。

有的科学家还预测，未来的“人工血液”能够冻干，并以粉末状长期储存，其外表也许跟常见的辣椒面很像。当人们需要输血时，只需将其与适量的无菌水混合，便可进行注射了，是不是很神奇呢！

全新人类脑图谱：不一样的“导航”地图

近代以来，人们为了了解人脑这个复杂器官的结构和功能，进行了大量的研究。随着研究的深入，“脑图谱”也应运而生。很多人初次见到“脑图谱”这个词时，都会感到很陌生。其实，所谓的脑图谱，实际上就是由科学家绘制的人类脑部的结构图谱。从某种程度上来说，脑图谱类似于“大脑地图”，如果大脑出现了问题，人们可以借助该地图快速定位病灶，然后进行精准治疗。

由于脑图谱可以为探索复杂的脑部结构和异常变化进行“导航”，所以它自诞生以来就被视为研究脑结构和功能及脑疾病的重要手段，被广泛应用于神经科学、认知科学、心理学

和脑疾病研究等领域。目前，最常见的脑图谱是由德国神经学家布罗德曼绘制发表的，人们一般称其为布罗德曼脑图谱。它是脑图谱家族中的老前辈，诞生至今已有100多年了。

布罗德曼脑图谱根据人体组织中的细胞排列，将人的大脑皮层分为52个区域，每一个区域都用数字表示，并且还标注了相应的功能。例如，第17区为视觉区，主要功能是接受眼睛输入的神经冲动，产生初级形式视觉。该脑图谱看起来简单易懂，但时过境迁，它已经无法满足现代科研人员的需求。为了进一步了解人脑的结构和功能，各国科学家便着手绘制了精度更高的脑图谱，其中中国的脑网络组图谱是众多现代脑图谱里的佼佼者。

脑网络组图谱诞生于中国科学院自动化研究所脑网络组

研究中心，是由中国科学家蒋田仔领衔的研究团队负责研发绘制的。据说，这个研究团队之所以要绘制新脑图谱，除了因为以前的脑图谱不够精确外，更重要的是由于人种和生活环境不同，东西方人脑在很多方面有着明显的差别，而目前大多数脑图谱都是基于西方人的数据绘制的。这意味着如果中国科研人员直接把西方的脑图谱当作标准来用的话，研究结果将很有可能出现偏差，甚至在医学应用上引发重大事故。所以，于情于理中国人都要绘制一套属于自己的“标准脑图谱”。

随着科技的进步，脑图谱已经发展成了一个成员众多的家族，并且每一种脑图谱都有各自的优点。那么，中国的科研团队打算绘制什么样的脑图谱呢？当时，在各种脑图谱中比较受人关注的是概率脑图谱，这种脑图谱旨在借用超薄切片技术、染色技术及显微观察技术在一定程度上细化传统的布罗德曼分区。可惜的是，由于种种原因，它在应用方面受到了很大的限制。另外，有些科学家将希望放在了非侵入性磁共振技术上，虽然这种技术可以无创伤地对人脑进行前所未有的成像和测量，但目前基于该技术所构建的脑图谱非常模糊，很难与脑功能解剖相对应。

也就是说，从一开始，中国的研究团队就面临着一个棘手的方向选择问题。既然采用传统形态信息无法构建出符合现代要求的脑图谱，那有没有新的理论和方法体系来解决这个问题呢？于是，中科院的相关专家们结合国际上脑图谱的发展以及自身团队的研究积累，提出了“利用脑结构和功能连接信息”构建脑网络组图谱的新思路。方向确定后，剩下的便是埋头苦干了。

自2010年开始，中国科学院自动化研究所脑网络组研究中心的科研团队便在各方资助下对脑网络组图谱使用所需要的工具和软件进行了全面的评测。其间，为了处理大批量的磁共振影像数据，他们还专门开发了一套开源软件——ATPP。在此软件的帮助下，蒋田仔领衔的研究团队基于一套公开的高质量数据集，借助高性能计算服务器集群，终于在2016年成功绘制出了全新的人类脑图谱。

作为历时6年才制作成功的脑图谱，脑网络组图谱可谓本事多多。脑网络组图谱在包含了大脑皮层的210个脑区的同时，还包含了36个皮层下核团。单单从精细度上来看，脑网络组图谱就比布罗德曼图谱提高了4～5倍。更为关键的是，它对每个脑区亚区参与哪些认识功能、在哪些认知实验范式里被激活等都给出了定量的描述。这相当于为科学家在宏观尺度上研究脑与行为的关系提供了一个有力的工具，也为理解人脑结构和功能开辟了一个新途径，甚至为未来类脑智能系统的设计提供了重要启示。

当然，正如前文所说的那样，脑图谱除了用于科学研究外，最实用的价值便是辅助脑疾病治疗了。而在这方面，脑网络组图谱的表现绝对称得上是名副其实。简单来说，脑网络组图谱不仅能为神经及精神疾病的新型治疗技术提供精准的定位，还可以为当前常见的脑卒中损伤区域和癫痫病灶定位。另外，在脑胶质瘤的精准切除方面，它也是一把好手。总之，脑网络组图谱的出现极大地提高了医疗诊断质量与治疗效果。

常言道："一花独放不是春，万紫千红春满园。"中国科学家在成功绘制出全新脑图谱后，并没有独占，而是将所有数据公开发布在了多个离线或在线的平台上。感兴趣的朋友随时都可以前往这些平台进行查看或使用。这个脑图谱一经发布，便在科学界引发了一场"大地震"，不仅入选了2016年度"中国十大医学进展"，还被纳入了一些国际著名神经影像分析软件平台，如SPM、FSL等，国际神经信息学协调委员会（INCF）更是

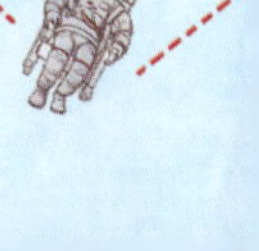

在第一时间将这项研究成果发布了出去。

如今，中国的脑网络组图谱作为世界上第一个人类全脑连接图谱，已经被越来越多的人熟知和运用。

中国科学院自动化研究所科研团队正是在它的“精确导航”下，采用近红外光和高灵敏器件，通过人工智能和大数据核心算法实现了对患者脑部微弱血氧信号的无创化、实时化、精准化采集。

诸多研究表明，女性抑郁症患者的数量要大大多于男性，并且女性比男性表现出更严重的抑郁状况。对于该病，医学工作者一直在尝试解读它的神经学基础，可惜进展缓慢。

中国脑网络组图谱的出现让这一医学困境出现了转机。因为相对于其他脑图谱，该脑图谱的脑区划分更细、更精准。有科学家通过对全新脑网络组图谱的研究发现，杏仁核是人类情绪调节的核心脑区，男女性情绪调节功能在相关脑区的运作方式存在差异性。

总之，中国科学家领衔绘制出的脑网络组图谱突破了100多年来传统脑图谱绘制的思想束缚，为实现脑科学和脑疾病研究的源头创新提供基础，使得人类可以更好地认识大脑这个异常复杂的器官。

核电站：恶魔也能变天使

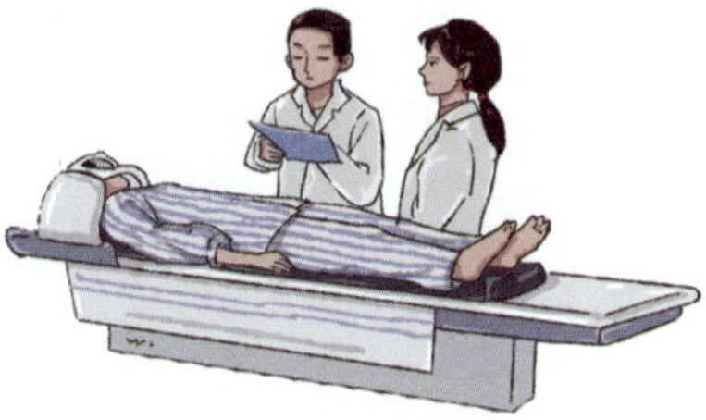

20世纪40年代，原子弹的出现让人类认识到了核反应的巨大威力，以至于人们在很长一段时间都谈“核”色变。不过，一些科学家们却从另一个角度看待核反应。他们觉得如果能控制核反应的速度，让“核火”慢慢燃烧，而不是像核武器那样瞬间释放大量的核能，那么这种能量就有可能造福人类。所以，自20世纪50年代起，一些掌握核技术的国家便开始研究如何利用核能进行发电。也正是在这种研究思路下，核电站慢慢开始出现在人们的生活中。

通俗来讲，核电站就是一种利用核能来大规模生产电力的发电站，只不过与传统的火力发电站相比，它们有着诸多无与伦比的优点。其中，最显著的便是耗费低。核电站的基本建设投资虽然高于同等发电量的火电站，但长期来看，它的燃料费用要比煤、石油或天然气便宜得多，并且运行维修费用也比火电站少。另外，核电站基本上不会排放污染环境的物质。至于人们普遍担忧的放射性污染，也将被控制到最低水平。据统计，一座核电站正常运作时，一年内给周围百姓带来的放射性影响，不会超过在医院做一次X光透视所受的剂量。

至于有些人认为核电站很危险，发生爆炸时会产生核弹那样巨大的威力，这纯属杞

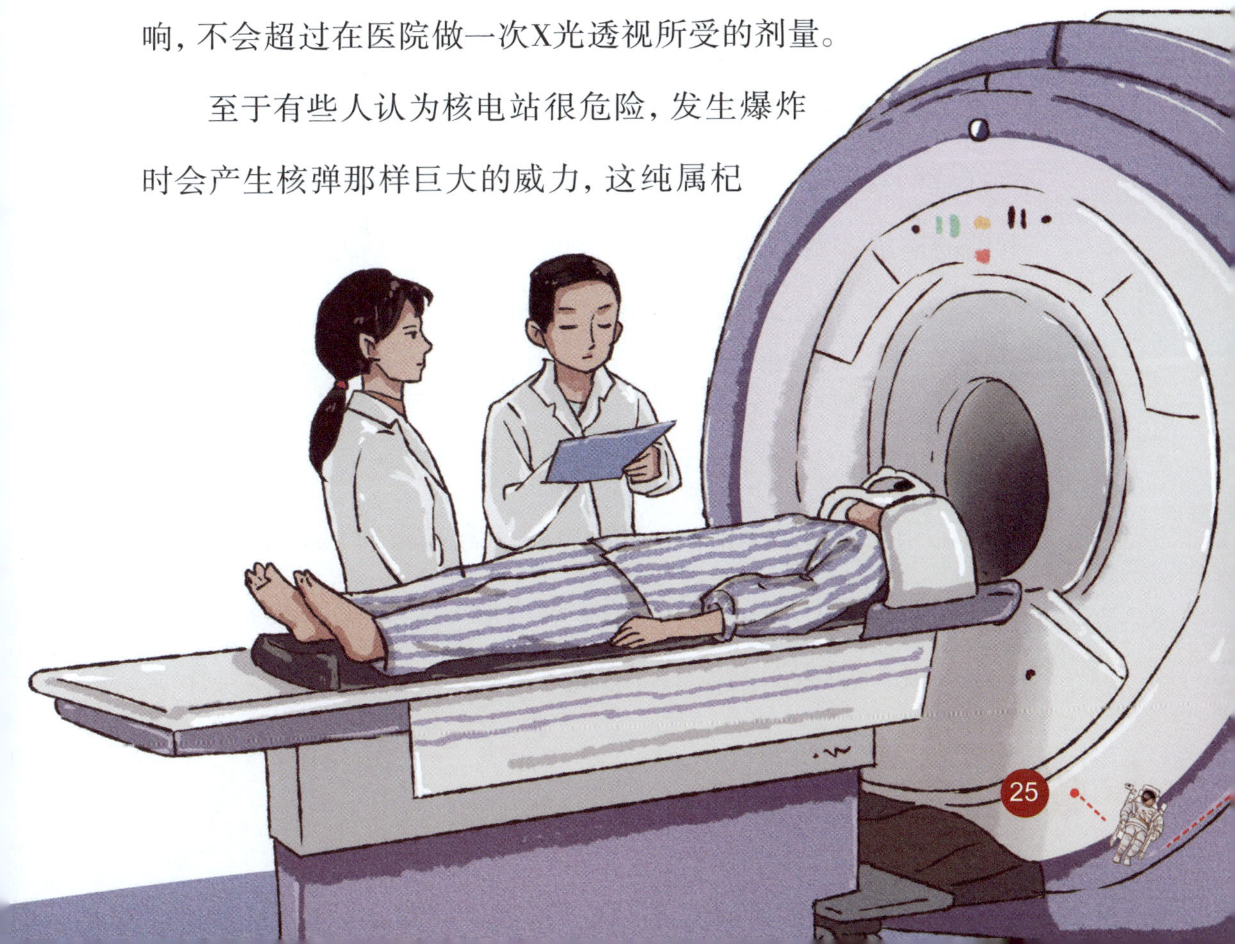

人忧天。没错，单从燃料方面来看，核电站与大杀器原子弹一样都采用了铀元素，但它们二者对铀的纯度要求可谓天壤之别，核电站使用的是低浓缩铀，原子弹使用的是高浓缩铀。由于低浓缩铀是无法像高浓缩铀那样发生链式反应的，所以核电站永远不会发生像原子弹那样的爆炸。

正是因为核电站有着诸多优点，所以它们诞生后没多久便在全世界得到迅速发展。中国虽然很早就拥有了核武器并掌握了受控核裂变技术，但核电站的筹建工作一直没有起色，甚至还曾被一些发达国家调侃为“中国有核无能”。为了让核能真正造福百姓，我国于20世纪80年代开始自主设计建造核电站。

不过，建造核电站可不像建造一座高楼那样简单，光是选择合适的建造地点就得忙活大半年。为什么会这样呢？因为核电站的选址条件异常苛刻，所选的位置不仅要保证安全可靠，还要兼顾生态保护、方便获取资源等问题。中国的相关专家调研了好久，最后决定将中国自主研发的第一座核电站建在浙江省嘉兴市海盐县的秦山镇。这里位于中国东部沿海地区，濒临东海杭州湾，水资源丰富，而核电站正常运行时恰恰需要使用大量的水。秦山镇背靠秦山，地质构造十分稳定，并且人口密度比较低，如果核电站真的出现了什么险情，也比较容易建立隔离区以保护百姓。此处邻近上海、杭州等对电量有着巨大需求的城市，不愁消费市场。

核电站的选址确定后，第一期工程由中华人民共和国核工业部主导推进，于1985年动工。经过数年努力，我国第一座自主研发的核电站——秦山核电站终于在1991年建造完成，实现了并网发电。该核电站的出现使中国成为继美国、英国、法国、苏联（已于1991年解体）、加拿大、瑞典之后世界上第7个能够自行设计并建造核电站的国家。随后不久，秦山核电站又先后开工建设了二期和三期工程，其中二期工程依然由中国自主承担设计、建造和运营任务。

秦山核电站作为中国核电站家族中的元老，至今已经安全服役了30余年。它采用了当今世界上技术成熟、安全可靠的压水型核反应堆，从技术水平上看，虽然只能算是常见的第二代核电技术，但其本身的建设与运行为中国培养锻炼了大量的核电技术人才，而这也为中国核电的发展打下了坚实基础。自此以后，核电站像雨后春笋一般出现在了中华大地上。短短三四十年间，中国便完成了从核电小国到核电大国的蜕变。

我国自20世纪80年代引进国外技术后便通过消化、吸收和再创新的方法发展自己的核电技术，并相继研发出了

ACP1000、ACPR1000+等三代压水堆核电品牌。

这些核反应堆的出现表明我国已经具备了形成自主知识产权三代核电技术的条件。于是，到了2013年，我国决定自主研发一座具备第三代核电技术的核反应堆——“华龙一号”，主要目的是满足自身发展需要以及推动中国核电“走出去”，让世界上更多的国家用上安全方便的核电。

说到这里，得先简单介绍下核电技术的发展历程，否则很多人会搞不清为什么核电有一代、二代、三代、四代之说。从时间上来看，核电技术的起源最早可以追溯到20世纪50年代，那一时期所建的核电站被称为第一代，它们多为原型堆，主要目的是验证核电设计技术和商业开发前景。

到了20世纪60年代，核能发电技术可行性以及经济性得到证明，于是技术成熟的压水堆、沸水堆、重水堆等核电机组开始大量出现，这便是第二代核电站。目前，世界上商业化运行的绝大多数核电站都属于第二代。

第二代核电站虽然有着很高的可靠性，但如果安全措施没有做到位，还是有可能引发严重的核泄漏事故。例如，1979年3月28日，美国三里岛核电站因水泵故障停运以及操纵人员的误判断和误操作，发生了严重的核泄漏，导致周边近20万居民不得不撤离生活区。1986年4月，苏联的切尔诺贝利核电站发生了迄今为止世界上最严重的核事故。

为了解决核事故带来的负面影响，进一步提高核电站的安全性和可靠性，20世纪90年代，美国和欧洲先后出台了URD标准文件和EUR标准文件，对预防核电站严重事故、提高核电站工程安全性方面提出了更高的要求，国际上通常把同时满足这两个标准的核电机组称为第三代核电机组。

由于第三代核电技术安全性更高、防范措施更完善，所以很多国家都将其视为未来核电站发展的主要方向之一。至于第四代核电技术，主要是为了防止核扩散，目前只处于原型堆技术研发阶段，在商业化方面还有很长一段路要走。

2015年5月7日，酝酿多年的“华龙一号”首堆示范工程终于正式开工建设。作为标准的第三代核电，“华龙一号”一开始便从顶层设计出发，采取了切实有效的提高安全性的措施。据介绍，“华龙一号”的安全级别已经达到在9级地震的冲击下或波音747等大型飞机的撞击下也不会发生核泄漏。它之所以这么厉害，主要归功于反应堆的外面有着压力容器、安全壳等一层又一层的安全屏障。这些安全屏障就像环环相扣的“金钟罩”一样，能将核泄漏的发生概率降到最低。

看到这里，估计有些人会觉得第三代核电也没什么了不起的，只不过是在反应堆外面加装了几层防护装置罢了。如果你这样认为，那就大错特错了，因为核反应堆的防护装置可不是一般国家能设计制造的。

就拿最外层的安全壳来说，它一方面要防止压力容器爆炸或损坏后放射性物质及废水由内部泄露到外部，另一方面还要保护核反应堆，避免外力和冲击进入到内部，这就要求制造安全壳的材料必须具备高强度、耐高温、大厚度等特点，而这类材料的生产不仅难度大，准入门槛也非常高。

另外，“华龙一号”在足够安全、可靠的情况下，还得具备较高的工作效率，毕竟人们修建核电站的主要目的就是代替传统的火力发电站进行发电。如果一个核电站的发电量过小，没有什么实用价值，那么它即便再安全也很难受到人们欢迎。可喜的是，作为中国核电家族的新一代，“华龙一号”的发电能力已达到百万千瓦级，这一水平在国际上名列前茅。

2017年4月8日，全球首台“华龙一号”水压试验的成功标志着中国已经完全具备了自主设计、制造三代核电装备的能力。2020年9月4日，“华龙一号”全球首堆开始装料。次日，“华龙一号”海外首堆（位于巴基斯坦）热态试验也取得了圆满成功。同年11月27日，“华龙一号”全球首堆——中核集团福清核电5号机组首次并网成功。这标志着中国打破了国外核电技术垄断，正式进入核电技术先进国家行列。前面已经说过，“华龙一号”的主要目标是走出国门，与国外核电行业同场竞技。如今，随着“华龙一号”取得一个又一个重大突破，相信在不远的未来它将会成为中国核电走向世界的“国家名片”。

中国特高压：
输电技术中的翘楚

近年来，无线电力传输技术的发展十分迅速，市场上已经出现了无线充电手机、无线充电电脑等电子产品。可即便如此，目前和人民生活紧密相关的大规模远距离输电依然离不开传统的电线，提到电线就不可避免地要提到特高压输电技术。

输电技术，顾名思义就是传输电能的技术。那么，特高压又是什么呢？难道是压力特别高的意思？其实，特高压是一种电压等级的名称。

说到这里，估计很多小读者还不明白什么是电压。笼统来说，电压就好比自来水管中的水压，我们都知道正是因为有了水压，自来水才会从水龙头里流出来。同样的道理，电之所以能够在电线中被快速传送，就是因为有电压的存在。电压的国际单位为伏特，简称“伏”，用字母“V”表示。人们为了方便管理，还将电压分为多个等级，比如安全电压、低压、高压、超高压、特高压等。其中，特高压在中国是指±800千伏及以上的直流电和1000千伏及以上交流电的电压等级。

众所周知，我们生活中所用的电大多来自发电厂，而发电厂与用电区一般不在同一个地方，有的还相距甚远，那电是怎样从发电厂到达千家万户的呢？也许有人会回答说：“当然是通过电线啦！”其实，事情远没有那么简单。

电线虽然可以输送大量的电力，但随着线路距离的增加，电流所遇到的阻力也会成倍地增长，即输电线路越长，电阻越大。这意味着如果不采取措施，远距离输电时将会白白损耗大量的电力。

为了解决这个问题，科学家们曾做过大量研究，最后发现在输送的电量一定时，提高电压可以有效地降低线路损耗。也就是说，要想实现大容量、远距离、低损耗输电，必须想方设法提高电压等级。

电压等级的提高，一般需要借助先进的输电技术，而中国由于历史原因，很长一段时间里，输电技术都很落后，每一个新电压等级的出现更是比西方发达国家晚了一二十年。如果说亦步亦趋地跟在西方发达国家后面发展输电技术是学习，那么研究特高压输电对于中国来说则更多地属于一种无奈。

为什么这么说呢？原来，中国的电力资源主要分布在西部与北部，而电力消费却集中在中部和东部，这便造成了“产电地用不完、耗电区不够用”的困境。

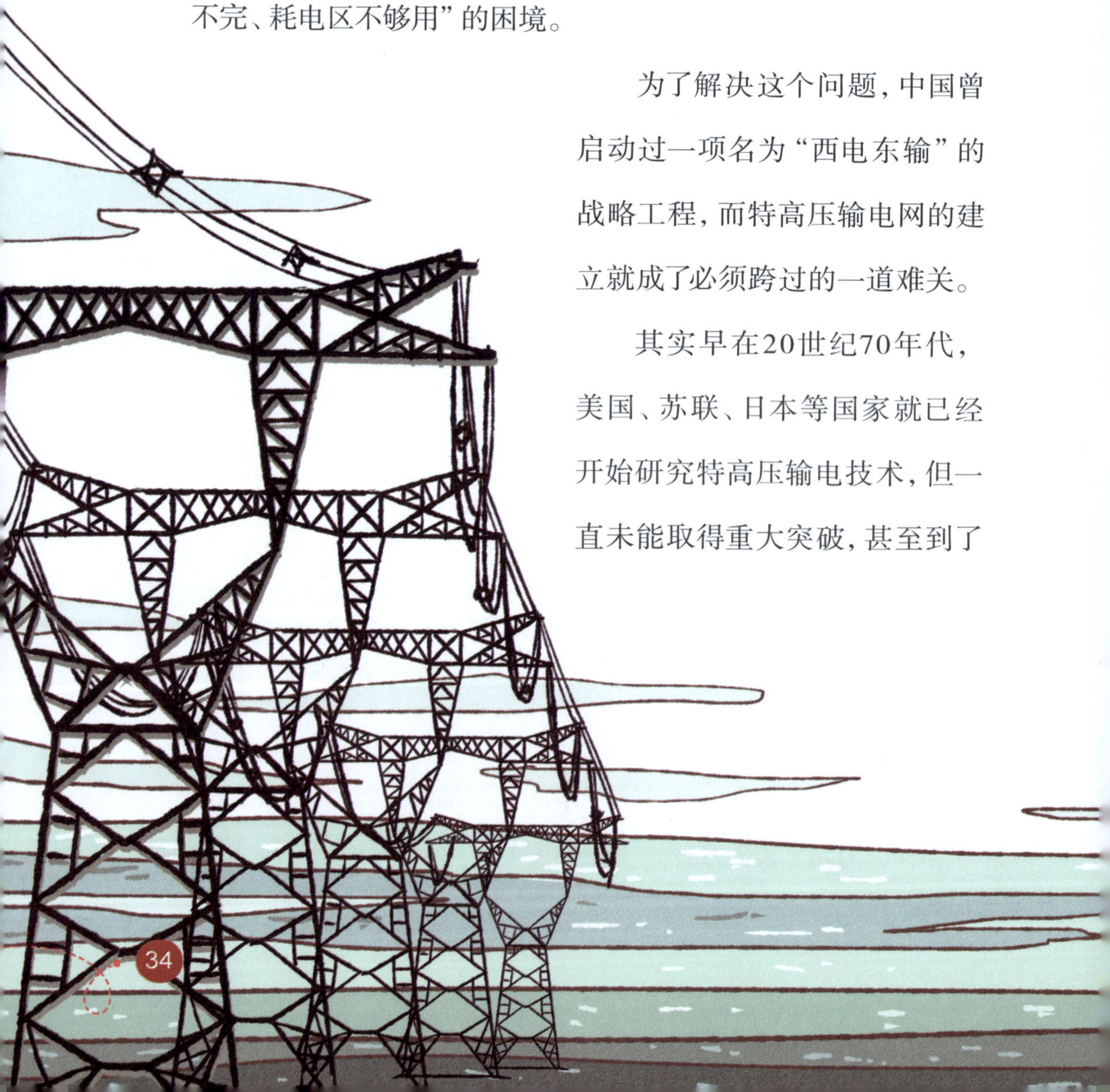

为了解决这个问题，中国曾启动过一项名为“西电东输”的战略工程，而特高压输电网的建立就成了必须跨过的一道难关。

其实早在20世纪70年代，美国、苏联、日本等国家就已经开始研究特高压输电技术，但一直未能取得重大突破，甚至到了后来人们还将这种技术比喻为输电领域的“珠穆朗玛峰”。

换句话说，当中国开始研究特高压输电技术时，国际上并没有成熟的经验可借鉴，一切都得靠自己。这无疑是一个巨大挑战，但又不失为一个实现弯道超车的好机会。

2004年年底，中国的国家电网有限公司正式提出研发和应用特高压输电技术，建设以特高压电网为核心的坚强国家电网的战略构想，并随后组建了一支超大规模的创新团队。

由于当时世界上还没有成熟的特高压设备和技术，所以中国只能冒着极大的风险在该领域一边摸索一边创新。

2006年8月，“晋东南一南阳一荆门”1000千伏特高压交流试验示范工程正式立

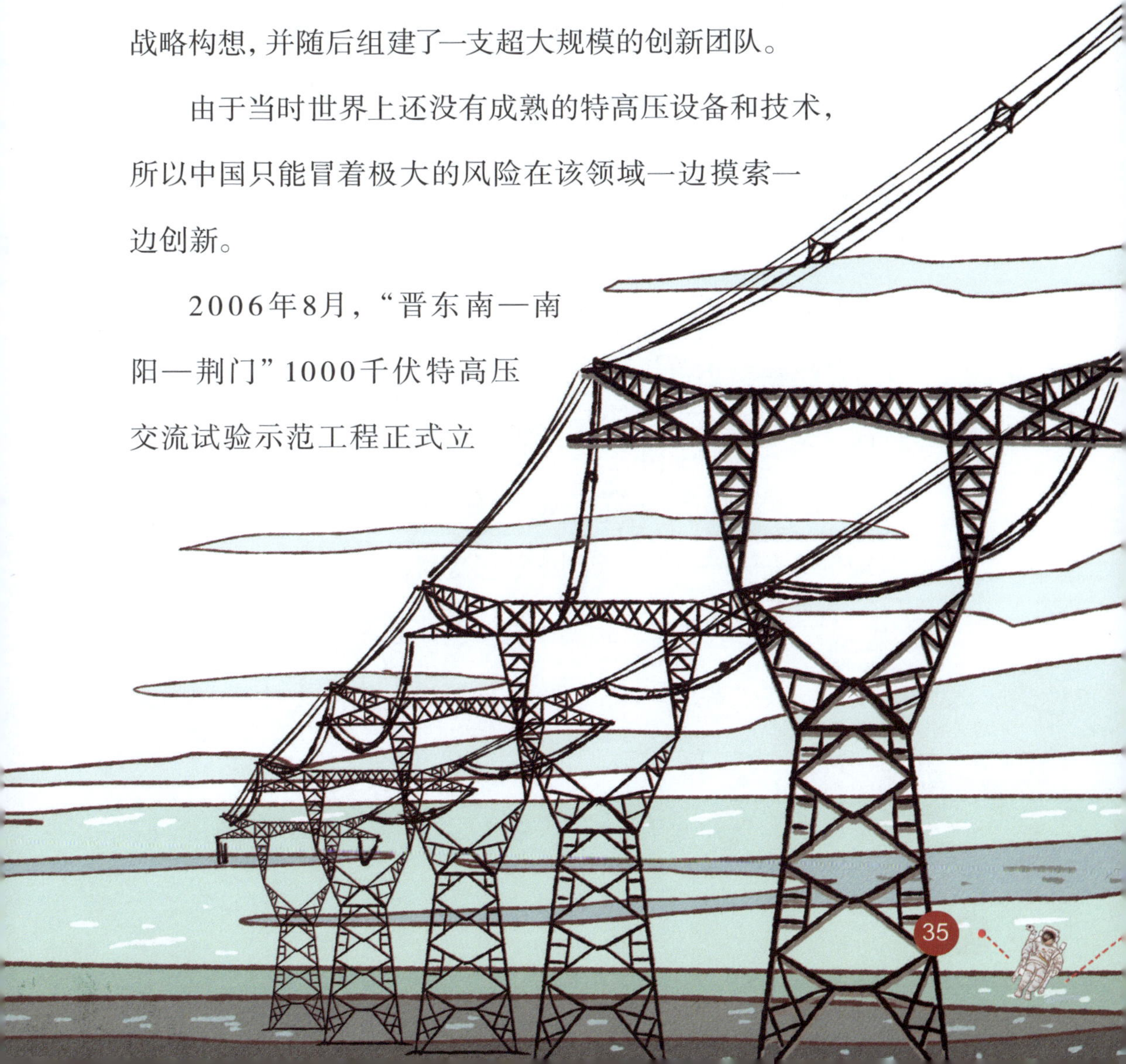

项开工。历经28个月的努力，该工程全面竣工，并于2009年1月成功投入商业运行。另外，中国还在2007年开工建设了“向家坝—上海”±800千伏的特高压直流输电示范工程，该工程已于2010年7月成功投入商业运行。

中国自主设计建造的两大特高压输电示范工程正式投运后，不仅经受住了全电压、大电流、长时间送电的考验，在雷雨、大风、高温、严寒等恶劣自然条件下也有优异的表现。

最重要的是，借助这些工程的实施，中国全面突破了特高压技术，率先建立了完整的技术标准体系，还自主研制了全套特高压输电设备。要知道，在1985年，中国建设500千伏超高压工程时，连变电站的草皮、螺帽、钉子、水龙头都得全套进口呢。

特高压输电示范工程取得成功后，中国又相继建设了一系列特高压交流输电工程和特高压直流输电工程。其中，“准东（新疆昌吉）—皖南(安徽宣城)”±1100千伏特高压直流输电工程最为人们所津津乐道，因为它是目前世界上电压等级最高、输送容量最大、输送距离最远、技术水平最先进的特高压输电工程。该工程于2015年12月获得中国国家发改委核准，2016年1月正式开工。

大家别看这短短几行文字说得那么轻松，其实“准东—皖南”特高压输电工程的建设过程远比我们想象的艰难。单从距离方面来看，这项工程距离长达3324千米，途经6个省区。

众所周知，中国的地理环境很复杂，有时两个省区虽然相连，但内部的自然环境千差万别，这便给大型工程的实施带来很多不便。另外，“准东—皖南”特高压输电工程要想实现全线贯通还需跨越一条天堑，它便是举世闻名的长江。

在以往的特高压大跨越工程中，架线施工最大的导线截面一般为720平方毫米，而跨越长江的工程采用了截面为900平方毫米的导线。

看到这里，可能很多小伙伴对900平方毫米的截面没什么概念。这么说吧，大家在生活中常用的一元硬币的面积也仅有500平方毫米左右。由此你可以想象跨越长江的特高压专用电线有多么粗。再加上长江黄金水道封航时间限制、江面高空气流多变等诸多困难，使得“准东—皖南”特高压输电工程跨越长江的难度陡然上升。

不过，难度再大也没能挡住中国施工队的脚步。为了安全有效地推进项目，他们不仅建造了200多米高的主跨越塔和1200多吨重的单基塔，还研发了很多新型架线工艺，创新应用了可视化管理系统、巡线机器人等。最后，“准东—皖南”特高压输

电工程顺利跨越长江，实现了全线贯通，并于2019年9月26日正式投入运行。

相关资料显示，这个工程具备年送电600亿～850亿千瓦时的能力，可有效缓解华东地区中长期电力供需矛盾。从环保角度来说，它的出现相当于每年为华东地区减少燃煤约3800万吨，减排二氧化碳7000万吨，二氧化硫70万吨。

另外，该工程由于采用了特高压输电技术，也为国家节约了大量的土地资源。为什么这样说呢？原来，与建造房屋一样，输电线路的建立也要占用大量的土地，并且这种工程还有一个名称——“线路走廊”。

通常情况下，1条100万伏特高压输电线路能顶5条50万伏超高压输电线路，而它的线路走廊所占用的土地只相当于2条50万伏输电线路，因此相对来说，特高压输电线路能少占大量土地。

“准东—皖南”±1100千伏特高压直流输电工程的成功运

行表明中国跨越3000多千米送电的特高压技术已经成熟，同时也意味着特高压输电领域属于中国的时代已经悄然来临。如今，中国的特高压输电技术不仅在国内遍地开花，而且还成了“中国名片”，走出了国门。

目前，中国的特高压输电技术已经应用到了巴西，还在亚马逊雨林中架起了特高压输电线。你知道巴西吗？就是那个被誉为“足球王国”的南美洲最大的国家。

真没想到，中国竟然可以在18800千米外的异国他乡成功建设特高压输电工程。照这样下去，估计用不了多少年，跨国跨洲电力联网将不再是空谈，说不定到时候中国人所用的电会来自大洋彼岸。

短短几十年间，中国的特高压技术就实现了从零起步到完全掌握核心技术的跨越，并攻克众多难题，让自己的技术标准成为国际标准。我们完全有理由相信，在不远的未来，将会有越来越多的国家用上特高压这个“中国创造”。

石墨烯：神奇的材料之王

大家对于“石墨烯”这个词应该不陌生，毕竟近年来它经常出现在各大媒体的新闻中。但是，大部分人也仅仅是听说过它的名字罢了，至于石墨烯到底是什么就不甚了解了。

其实，石墨烯是人类在21世纪初发现的一种新型纳米材料。说到这里，估计有些人一看到“新型”“纳米”等字眼，就会想当然地将其视为一种只有当代人才能制造出来的东西。

事实上，石墨烯本来就存在于自然界中，比如大家日常生活中常见的石墨（如铅笔芯）就是由石墨烯一层层堆叠而成的。也就是说，当人们用铅笔在纸上随意画一下，留下的痕迹就可能包含一层甚至几层石墨烯。当然，这种石墨烯与科学家单独剥离出来的石墨烯相比，并没什么太大的研究价值。不过，这也从侧面反映出了石墨烯的一个特点——特别薄。

石墨烯究竟有多薄呢？用人的头发丝打个比方，一层石墨烯的厚度相当于一根头发丝直径的二十万分之一。怎么样？够薄吧！不过，你千万不要因此认为石墨烯很脆弱。实验表明，石墨烯的断裂强度要比优质的钢材高百倍，同时它们还具有很好的弹性，拉伸幅度能达到自身尺寸的20%。

从化学结构上来看，石墨烯是从石墨材料中剥离出来的，由碳原子组成的只有一层原子厚度的二维晶体，相当于是切薄了的石墨。正是因为结构特殊，它们才成了人类目前发现的最坚硬、最薄、导电性能最好的纳米材料。

科学家们还预测，石墨烯在光学器件、电子器件、化工、生物医疗、轻型功能部件、能源等领域有着巨大的应用潜力，一旦其应用技术成熟，人类的生活将很有可能发生革命性变化。因此，世界各国对石墨烯的研发都非常重视，甚至很多人称其为

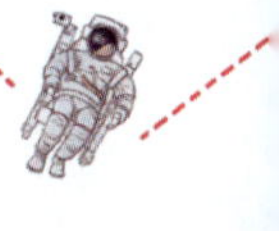

“黑金子”。

与世界上的其他国家相比，中国在石墨烯的产业发展方面有着得天独厚的优势，因为我国的石墨（制作石墨烯的原材料）储量非常丰富且价格低廉。所以，中国在石墨烯的研究和开发方面一直都表现得很活跃。

石墨烯虽然有着广阔的应用前景，但因当前的技术水平所限，人们对于它们的研发主要集中在以下四个领域：储能与新型显示领域、半导体材料领域、传感器领域和生物医学领域。其中，石墨烯在储能领域的应用最为人们所熟悉，比如经常出现在新闻里的石墨烯电池就是一个典型。

说起电池，想必大家都不陌生，毕竟它们已经广泛存在于人们的日常生活中。例如，为电动自行车提供动力的铅酸蓄电池、给手机供电的锂电池、电视遥控器中的碱性干电池等。

这些电池虽然在一定程度上方便了人们的生活，但或多或少存在着一些缺点，诸如寿命短、容量有限、安全性不太高等。为此，人们一直在想办法改进电池的性能，而石墨烯恰恰具有极好的导电性和储电能力，所以很多国家都将它视为制作未来电池的重要材料，开始花费大量的人力物力进行相关研究。当然，中国在这方面也紧跟时代步伐，积极进行研发。

2017年年底，浙江大学高分子科学与工程学系高超团队成功研制出一种新型的铝–石墨烯电池。该电池以石墨烯薄膜为正极，以金属铝作为负极，可在短短几秒内完成充电，并且在循环充放25万次后仍然保持90%以上的性能，可谓使用寿命超长。

另外，这种电池既耐高温又抗严寒，实验表明它可在–40℃到–120℃的环境中工作，甚至其电芯暴露于火焰中也不会起火或爆炸。最有趣的是，这种新型电池还具备极好的柔性，实验表明：经过上万次反复弯折后，其性能也不会受到影响。

目前，这种使用了石墨烯材料的“超级电池”虽然还处于实验室阶段，距离真正的商业化还有很长的路要走，但其展示的应用前景就足以让无数人神往。试想一下，未来的电子产品在数秒内就能完成充电，还能在极寒和高温环境中正常工作，那将是一件多么令人兴奋的事！

但那些常怀忧患意识的人，可能更关注另外一个问题，即石墨烯有没有毒性，人们在使用与其相关的产品时身体健康会不会受到影响？对于这个问题，大家完全没必要过于担心，石墨烯是一种“绿色”材料，没有任何毒性，毕竟它本质上也属于一种碳材料。

当然，没有毒性并不代表没有潜在危害。因为石墨烯被分解后，常常会变成更细小的纳米粒子，而这些纳米粒子一般带有非常锋利的锯齿边缘。当它们与人体接触后，便很容易刺穿皮肤被细胞吸收，进而影响细胞的功能。另外，石墨烯氧化物纳米颗粒还能通过地表水进行传播，这意味着它们一旦流入湖泊或河中，将会对周边的动物、植物甚至人类造成潜在的危害。因此，人们在生产以及处理石墨烯材料时，还是要多加小心。

除了电池领域外，石墨烯近年来在服装制造领域也是崭露头角。例如，在2018年平昌冬季奥运会闭幕式上，中国代表团曾做了一次名为“2022相约北京”的文艺表演，即后来著名的“北京8分钟”。其间，为了保证演员在表演时既能随意舒展动作，又不至于造成冻伤（当时气温已是零下），主创团队便准备了许多石墨烯智能发热服。这些服装一亮相就惊艳全场，因为它们轻薄得犹如夏季的衣服。自此以后，石墨烯“保暖服”便被

冠以“黑科技”的名号火爆市场，甚至有人宣称这种衣服可以自行发热，从而实现保暖的效果。

其实，石墨烯智能发热服并不是由石墨烯直接编织而成的衣服，因为如果那样做的话，其造价没有人能承受得了。这种衣服之所以能保暖，主要是因为里面添加了石墨烯发热膜。可惜的是，该发热膜的名字中虽然带有“发热”二字，但它并不能自行发热。人们需要给发热膜供电，才能让它在短时间内迅速升温，起到供暖的作用。所以，当时的演员在穿上石墨烯智能发热服后，还要在身上挂一个类似充电宝的低电压电源才行。

最近几年，随着石墨烯的名头越来越响，市面上的一些非法商家常常会打着“黑科技”“石墨烯××”等旗号来吸引顾客，但他们的很多产品与石墨烯根本没多大关系。所以，大家在购买相关商品时一定要擦亮眼睛，谨防上当受骗。

另外，大家在生活中应该都听说过“折纸术”，甚至很多心灵手巧的人还亲自折过纸飞机、纸风车、纸蝴蝶等小玩意。其实，“折纸术”不仅受普通人青睐，科学家们也常常乐在其中，借助折叠操纵开展一些科研工作。例如，生物学家们受“折纸术”的启发，曾将DNA单链折叠成复杂的二维形状。而石墨烯作为“材料之王”，在折叠操纵方面自然经常受到科学家的青睐，不过这一切都只停留在宏观尺度下。直到2019年，中国科学院物理研究所的研究团队克服重重困难，在国际上首次实现了原子级精准控制、可按需定制的石墨烯折叠。这可以说是目前世界上尺寸最小的“石墨烯折纸”，并且这种技术在制备功能纳米结构及其量子器件方面有着不可估量的应用前景。

总之，石墨烯这种材料蕴含着无限的应用潜力。当然，有一件事情也不得不承认，那就是目前石墨烯的产业化还处于初级阶段，若要实现工业化应用还存在着很大的困难。相信随着科学家的不断努力，石墨烯家族终将会迎来大放异彩的一天。

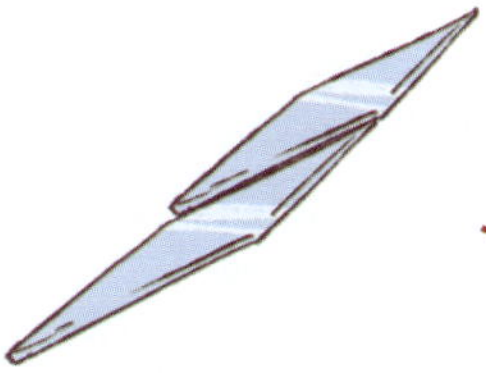

特种玻璃：玻璃界的“贵族”

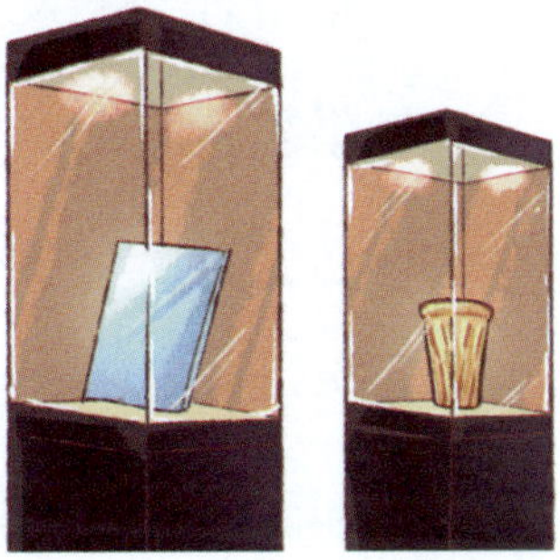

说起玻璃，想必大家都不陌生，毕竟很多生活用品是用它们制造的，比如镜子、玻璃水杯等。但是你知道吗？就像人类军队分为普通部队和特种部队一样，玻璃也可分为普通玻璃和特种玻璃。前面说的玻璃水杯就属于普通玻璃，今天我们来重点讲一讲特种玻璃。

所谓特种玻璃，一般是指除平板玻璃及日用器皿玻璃之外，采用精制、高纯、新型原

料，以及新技术、新设备和新工艺，通过光、电、磁、热等特殊条件作用形成的具有特殊功能或特殊用途的玻璃，比如大名鼎鼎的防弹玻璃、钢化玻璃等。

随着社会的发展与进步，特种玻璃的应用范围迅速扩展，并且凭借着优异的特性而备受关注。如今，特种玻璃的研发与生产水平已成为衡量一个国家材料发展水平的标准之一。

目前，特种玻璃主要包括特种浮法玻璃、硼硅酸盐玻璃、石英玻璃及碱土硅酸盐玻璃是具有高透性、高稳定性等特殊性质的玻璃。其中，特种浮法玻璃是近年来特种玻璃界的“明星”，应用范围相当广泛，很多电子设备的触摸屏和显示器上都有它们的身影。而这种玻璃之所以被划分为浮法玻璃，主要是因为它们采用了平板玻璃的浮法成型工艺，该工艺诞生于20世纪50年代，由英国皮尔金顿玻璃公司研制成功。

浮法工艺的出现对于玻璃制造业来说无异于一场革命，甚至到了今天以及未来，人类主流的建筑及汽车玻璃都离不开这种技术。为了获得这种先进的玻璃制造技术，世界上许多国家不惜斥巨资争相购买皮尔金顿公司的专利。但当时，皮尔金顿公司对中国进行了技术封锁。这一举动使我们意识到，必须走自主创新之路，研制属于自己的浮法玻璃。于是，经过一段漫长的准备工作后，到了1971年，原国家建筑材料工业部决定开展浮法玻璃工业性试验，地点选在了洛阳玻璃厂。

由于国外有技术封锁，国内无相关经验可以借鉴，又缺乏相关的资料，所以中国浮法玻璃的试验生产起初并不顺利。

但一波又一波的难题并没有让中国人屈服，相反，他们在困境中越挫越勇。设计人手不够，相关专家和工厂的工作人员就在锅炉房里帮忙设计；承接玻璃水的锡槽不够长，经验丰富的钳工们就用小炉匠补锅的办法现场加工了二十几米长的小锡槽；没有玻璃拉边机，那就自行研制……最后，在大家的团结奋战下，终于在1971年9月23日建成了中国第一条浮法玻璃生产线。

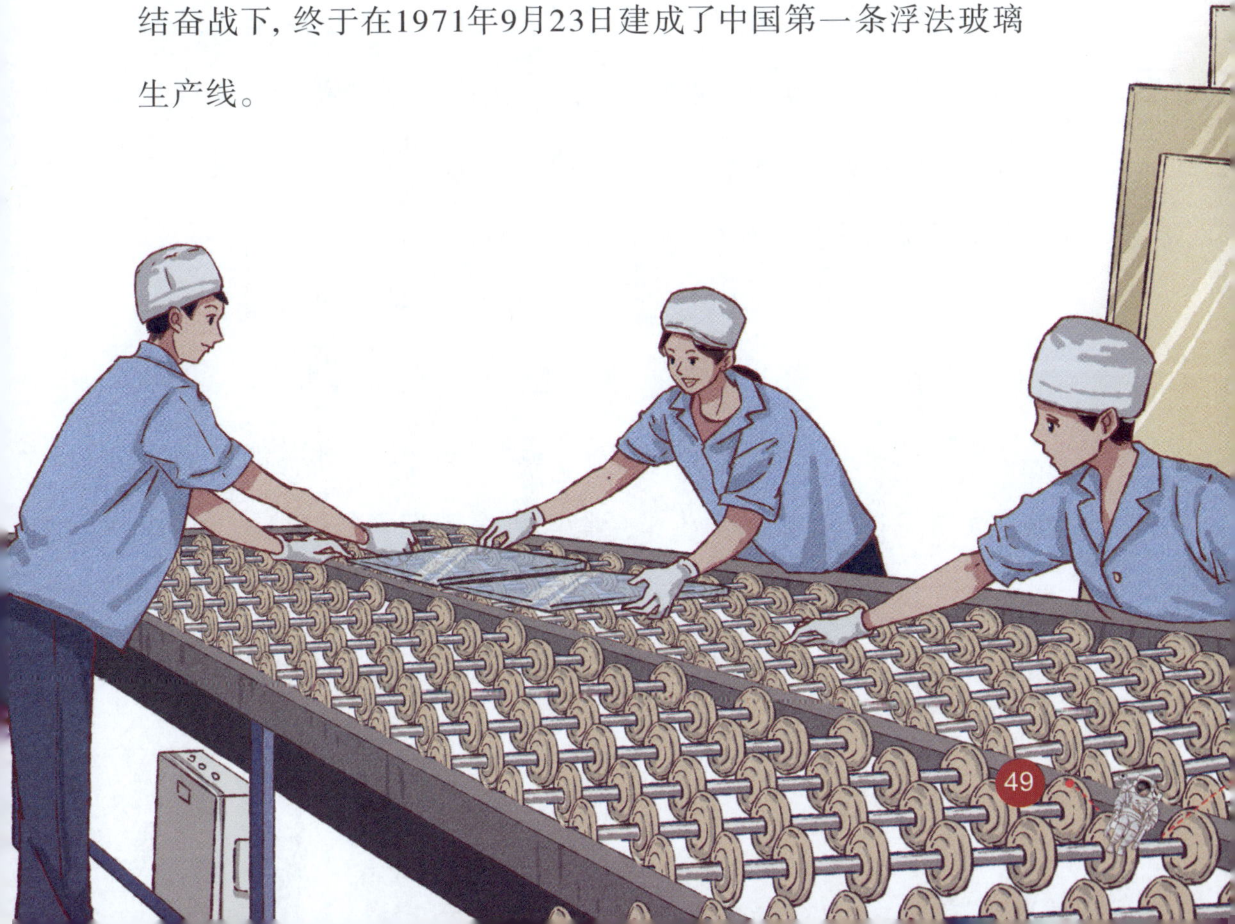

在随后的浮法玻璃工业性试验生产阶段，洛阳玻璃厂依托生产线实施了几次较大规模的技术改造。到了1981年，洛阳玻璃厂的浮法玻璃生产工艺通过国家级鉴定，并被正式命名为中国“洛阳浮法玻璃工艺”，成为世界三大浮法玻璃工艺之一。也就是从那时起，中国的玻璃工业开始迈入新纪元。

随着现代工业的发展，特种玻璃的某些成员开始飞上天空。其中，最为人们熟知的便是大型飞机驾驶舱的风挡玻璃。别看这类玻璃在整个飞机部件中所占的比重不大，但飞机缺少了它们便难以正常飞行。

众所周知，现代飞机在高空快速飞行时所处的环境与地面不同，那里低温缺氧，时不时还会出现雨雪、冰雹等极端天气。所以，飞机的风挡玻璃除了应具有良好的光学性能为驾驶员提供良好视野之外，还得能够防冰、除雾、排雨等。最关键的是，风挡玻璃的刚度与强度必须达到一定的标准，因为飞机有时会跟鸟儿在空中“不期而遇”，从而造成严重的撞鸟事件。总之，飞机风挡玻璃的制造几乎涵盖了玻璃原片生产和深加工的所有高精尖技术，业内人士甚至将飞机风挡玻璃的制造称为“玻璃加工技术之花”。

1958年，中国建筑材料科学研究总院成功研制出第一块国产飞机风挡玻璃。此后的几十年，中国数代科研人员经过艰苦攻关，又相继完成了歼击机、轰炸机、运输机、直升机等机型的玻璃研发配套任务。与此同时，该类研发工作大大开拓了中国玻璃深加工技术的应用领域，使中国成为少数几个能自行研制飞机玻璃的国家之一。

进入21世纪，飞机风挡玻璃在寿命、可靠性等方面有了很大的提升。例如，美、法等国家开发的新型飞机风挡玻璃不仅具有600千米/小时的抗鸟撞强度，而且还可以将自身的厚度减薄到30毫米以下。虽然中国在飞机风挡玻璃领域已有所建树，也能够生产出符合适航要求、性能优越的航空玻璃，但由于缺乏大型客机的实际应用经验，在商用飞机风挡玻璃市场，依然无法撼动国外企业的垄断地位。曾经为了维修、更换国内客机风挡玻璃，我国每年单是向外国企业支付的费用就高达数亿元。

有技术而没市场，这对于中国飞机风挡玻璃的产业化来说，无疑是一种十分尴尬的局面。为了打破这种困境，中国的一些制造企业开始加大研发力度。现在拥有“中国标签”的飞机风挡玻璃终于被研制成功，并且与国外同类产品相比，它在价格上具有极大的优势。虽然仅凭一两款新产品还不能撼动国外企业的垄断地位，但这一新成果对于中国飞机风挡玻璃的产业化有着巨大的推动作用。

众所周知，当前人类的宇宙飞船、卫星和空间站等在太空运行过程中往往需要借助太阳能电池帆板提供动力。但是，由于太空中存在着许多高能粒子以及各种射线，太阳能电池帆板如果毫无防护地展开工作，势必会受到大量粒子轰击和射线辐射，从而导致太阳能电池出现故障。为了提高太阳能电池的安全性和可靠性，人们需要为太阳能电池帆板事先准备“护身铠甲”，而耐辐照玻璃盖片便是一套既轻薄又实用的“铠甲”。

具体来说，耐辐照玻璃是一种经高能射线辐照或粒子轰击后，可见光透过率衰减很小的特种玻璃，它们一般具有耐辐照稳定性强、透光性大及物化性能稳定等特点。在过去很长一段时间里，只有少数几个发达国家能够研制出高质量的耐辐照玻璃，而且其技术绝对保密。不过，近年来，随着中国航天技术迅速发展，中国在该领域取得了巨大的成就。例如，历经多年刻苦攻关，我国成功研制出大尺寸、高强度空间太阳能电池耐辐照玻璃盖片。据介绍，这种新型耐辐照玻璃盖片的性能达到了国际同类产品中的先进水平，并已成功应用于“神舟”系列飞船、导航卫星等领域。

当然，除飞机风挡玻璃和耐辐照玻璃之外，特种玻璃家族还有很多优秀成员，比如锂离子导电微晶玻璃、透紫外线玻璃、特殊色散光学玻璃等。如果大家对玻璃感兴趣，还可以到上海玻璃博物馆去看看。在那里你会见到一个货真价实的“玻璃王国”，可以亲自体验特种玻璃的独特魅力！

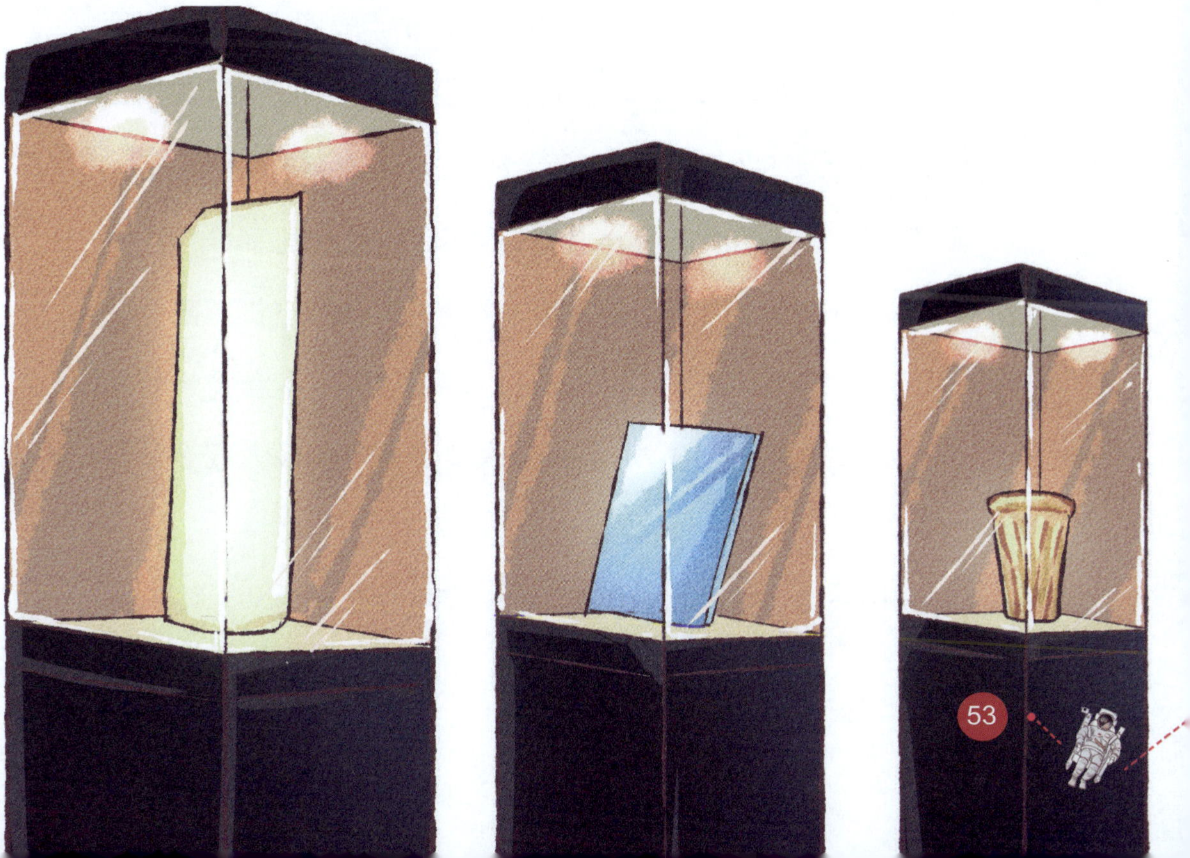

C919：中国的大飞机梦

如果你对中国航空业有所了解的话，肯定听说过C919。C919是中国自主研制的第一款符合国际适航标准、可以投入商用的大客机。看到这里，可能很多人会疑惑，明明是个"中国制造"，为什么要起一个这样的名字？难道有什么特殊说法？

没错，C919这个名字是有特殊含义的，其中的字母"C"既是英文"China(中国)"的首字母，又是中国商用飞机有限责任公司英文名称缩写的首字母。第一个数字"9"寓意着天长地久，而后面的数字"19"代表的是该型号客机的最大载客量为190人。

在国际上，大中型民用客机的生产一直被视为一个国家综

合国力和科技实力的体现。但很长时间以来，只有美国、俄罗斯、英国和法国等少数国家在这方面有所建树，而其他国家要想使用大飞机只能高价租借或购买。中国作为一个人口大国，在航空领域有着巨大的消费潜力。所以，很早以前，国内便有人提出要研制属于中国自己的大飞机，以应对未来人们大量乘坐客机出行的需求。当时，国家给予了很大的支持。上海飞机制造厂克服重重困难，研制出了中国第一架完全拥有自主知识产权的喷气式客机——运-10，并于1980年9月首次试飞成功。

可惜的是，中国的大飞机梦刚有些希望便遭到了当头一棒。原来，那时的中国由于经济相对落后，无法提供充足的经费继续支撑国产大飞机的研究，再加上整个项目在其他方面遇到了棘手问题，运-10被迫“夭折”。

随着中国的经济迅速发展，国产大飞机的研发再次被提上了日程。2006年，国务院成立大型飞机重大专项领导小组；2008年，负责实施该专项的中国商用飞机有限责任公司成立。

常言道："罗马不是一日建成的。"大飞机的研制也一样，其中涉及了许多人类当前的顶尖技术，而且由于大飞机的商品属性，外国的许多相关技术专利是不对外开放的。也就是说，对于某些大飞机制造技术，中国即便愿意花大价钱购买，也无处可求。这意味着中国要想拥有自己的大飞机，就必须自己想办法攻克一个个技术难题。

为了尽快获得技术突破，中国商用飞机有限责任公司并没有选择单打独斗，而是与众多企业、科研所、高校进行合作，集各家之所长联合攻关。例如，西北工业大学参与了飞机机翼及翼型设计工作；飞机机轮刹车系统由中南大学负责研制；燕山大学参与了飞机轴承相关的项目……据统计，当时单是国内就有二十多个省份、二百多家企业、三十多所高校、几十万产业人员参与了大飞机研制。从某种程度上来说，C919的诞生是集全国之力、全国之智的成果。

与汽车、火车等陆上交通工具一样，质量和安全是大飞机的命门。只不过，汽车或者火车如果在行驶途中发现了问题还可以立即停车进行检查，而大飞机升空后一旦发生安全方面的问题，可没有立即停空维修检查这一说。因此，对于大飞机来说，安全性始终是排在第一位的。如果一款大飞机缺乏十足的安全性，其他方面再怎么吸引人，估计也没多少人愿意乘坐。

为了确保国产大飞机的质量和安全性，中国的科研工作者可下了不少功夫。就拿整体设计标准来说，设计者一开始便瞄准了当时国际上最新的适航标准及安全标准，不过他们并没有局限于此。也就是说，只要符合国际航行的需求，有利于安全，即使国际适航标准尚未制定，C919也会采用。例如，C919在燃油惰化性和最小炸弹威胁预案方面的要求就高于当时的国际适航标准。另外，在机体主结构上，设计人员还大量采用了世界先进的第三代铝锂合金材料，这种新型材料可以实现结构减重，并大大延长飞机使用寿命。

除了提高“硬件”的安全系数外，C919也配备了实力不凡的“软件”。对大飞机有所了解的人可能知道，在民用飞机产业一直有个形象的说法，即航电系统是飞机的“大脑”。C919的航电系统使用了当前国际上先进的高度集成数据处理和网络传输技术，与之前一对一的数据传输处理方式相比，是一次巨大的变革，提高了数据传输的处理效率。

这颗“大脑”究竟有多强？以前，飞机的飞行速度、高度等数据需要由大气数据计算机分别建立通路，传输给显示、发动机、环境控制等系统，而现在这一切对于C919来说，只需“把工作都交给网络”即可。

另外，与很多大飞机一样，C919在正式上天之前必须进行足量的地面试验，这样做的目的是把上天后所存在的隐患尽可能地在地面试验中排除。你可以将其理解为飞机界的“演习”，但即便“演习”得再好，谁也不敢保证正式上天后就不会出现问题。那么，万一C919载客上天后真的发生了故障，又该怎么办呢？不用怕，针对这些有可能发生的故障，中国科研工作者们早在设计时就制定了相应的防范预案。就拿发动机来说，C919的两台发动机中如果有一台出现了故障，另一台也能保证飞机继续安全飞行。即便在空中飞行时发动机都罢工了，飞机的身上

还备有冲压发电机和一套辅助动力装置。

作为一款载客大飞机，C919工作时势必会穿越高空中的云层。而有些云层里含有过冷的水滴或冰晶，飞机在其内部穿越时表面不仅会受到撞击，还很容易结冰，如果不采取措施预防很可能会危害飞行安全。

中国的科研人员是怎样解决这个问题的呢？答案是给C919的机身穿上一件“棉衣”。当然，此棉衣可不是人类御寒的那种棉衣，C919身上的“棉衣”是由一种名为“超细航空级玻璃棉”的材料制成的。该材料除具有极佳的隔热保温作用之外，还很轻盈，1立方米质量只有6～7千克。C919穿上这件“超轻棉衣”后，不仅可以轻轻松松穿越结冰云层，还能隔绝飞机引擎工作时产生的巨大噪声，给乘客们营造一个相对安静的环

境。怎么样？这衣服很不错吧！

在众多工程师和科研工作者的努力下，2017年5月5日，C919终于在上海浦东机场进行了自己的首次飞行。得益于精湛的制造工艺和驾驶员的规范操作，首飞取得了圆满成功，而这一天中国民航正式进入了新时代。

讲了这么多，也许你还不知道C919到底长什么样，所以还是有必要介绍一下它的基本参数：C919客机是一种中短途商用机，机长38.9米，翼展35.8米，最大起飞质量达72吨，最大着陆质量66吨，标准航程4075千米。

按国际标准来看，C919虽然只能算是中型客机（大型客机的标准是远程宽体及载客300人左右），但在中国飞机史上绝对是不折不扣的大飞机。况且，这种型号的客机并非单纯用来满足中国市场，而是面向全球市场的。为了更好地进入国际客机界进而争得一席之地，近年来C919频频亮相各大航展。

也许是因为C919的个性比较张扬，以至于很多人一提及中国的大飞机，就会想到它。其实，除了这款飞机之外，中国目前还有另外两款比较低调的大飞机，它们便是运-20和鲲龙-600（AG600）。其中的运-20虽然在名字上与运-10很像，但它并不属于客机，而是一种大型多用途运输机，可在复杂气象条件下执行各种航空运输任务。至于鲲龙-600，则是中国自主研制的最新型的水陆两栖飞机。也就是说，它除了可以在陆地机场起降外，还可以在符合一定条件的水面上起降。鲲龙-600是全世界水陆两栖飞机界的“大哥”，其块头非常大，几乎相当于一架中型客机，而且它还具有低空飞行的能力。

当然，随着中国科技的进步，除了运-20、鲲龙-600和C919之外，未来肯定会有越来越多的中国大飞机出现在蓝天之上！

中国北斗：非凡的卫星导航系统

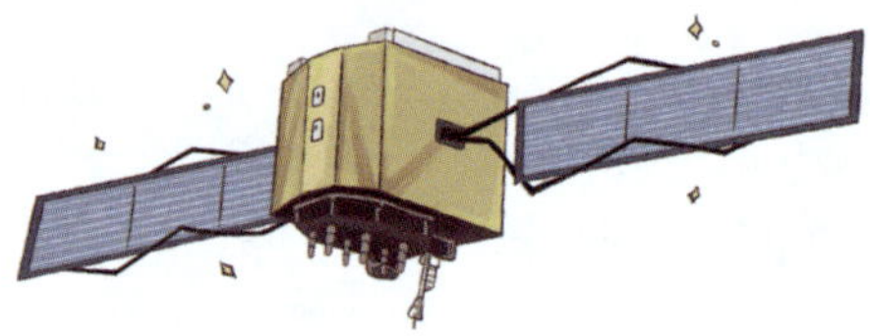

如今，当一个人想要快速而准确地前往某个陌生的目的地时，他常常会打开智能手机，使用一些电子地图软件进行导航。但是，你们知道吗？这些电子地图软件之所以能够精准地为人们提供导航服务，是因为有卫星导航系统的支持。

中国北斗卫星导航系统是中国自行研制的全球卫星导航系统，可在全球范围内随时为人们提供精确、可靠的定位、导航等服务。常言道："滴水穿石，非一日之功。"同样，北斗卫星导航系统也不是在某一天就横空出世的。早在20世纪80年代，中国便开始探索自己的卫星导航系统发展道路。但以当时中国的经济实力和技术条件，要想建成覆盖全球的导航定位系统并实现被动定位，短时间内难以企及。

为此，中国的卫星导航系统从国情出发，先试验后建设，先国内后周边，先区域后全球。也就是说，中国要想建设完全自主可控的卫星导航系统必须一步一步来。

也许在很多人心目中，卫星导航系统的建设并没有什么特别复杂的过程，只不过是把导航卫星发射到预定的太空位置罢了。殊不知，单是制造导航卫星这一步就难倒了世界上很多国家。因为导航卫星要想正常工作就离不开一种名为“原子钟”的核心部件，而其研制技术一度被少数发达国家垄断。

原子钟是指一种高精度计时装置，其精度可以达到数万年甚至数百万年才误差1秒的程度（日常生活中的钟表大约每年会有1分钟的误差）。

估计有些人会对此感觉纳闷，为什么要制造精度如此之高的计时装置？它到底有什么用呢？这主要是因为在卫星导航系统中，时间的精密测量度决定着导航定位的精度。例如，一旦计时装置出现1秒的时间测量误差，其结果将会引起30万千米的测距误差，真可谓“失之毫厘，差之千里”。

中国为了保证自己的导航卫星具有合格的精度，不得不加大研发力度以彻底攻克原子钟的核心研制技术。值得称赞的是，中国的科学家只用了不到两年的时间便自主研制出了稳定性极高的原子钟，据说当时原子钟的精度已经达到了300万年的误差只有1秒钟。

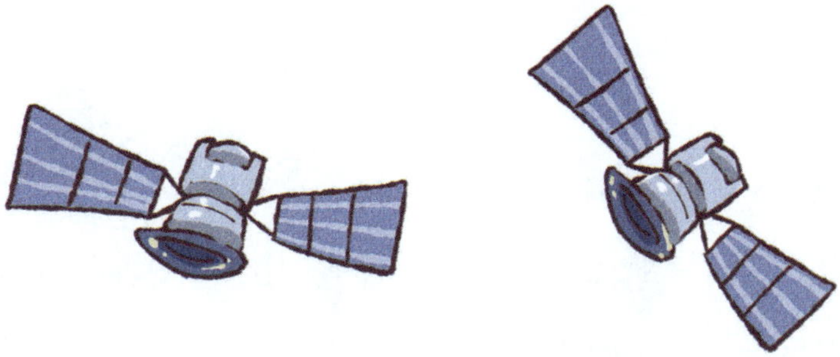

有了合格的导航卫星，还必须配以合适的实施方案，只有这样才能用较少的投入、较短的周期实现卫星导航系统建设。对此，著名航天专家陈芳允院士曾提出在中国利用两颗通信卫星实现区域快速导航定位的设想，即著名的“双星定位”方案。1989年，双星定位演示性试验获得成功。1994年，中国终于启动了北斗卫星导航试验系统的建设。

当中国的北斗卫星导航系统刚开始“萌芽生长”时，美国和俄罗斯的两个卫星导航系统已经完成了全球组网。由于国外的卫星导航系统起步较早，所以它们几乎占尽了最适合卫星导航的黄金频段。

大家可能有所不知，导航卫星频段是指卫星电台使用的频率和卫星所处的空间轨道位置，它们跟地球上的淡水、石油一样属于一种有限的资源。如果导航卫星在上天后没有相应的频率轨道支持，那它就好比断了线的

风筝，无法与地面取得联系。

为了获取导航卫星黄金频段的使用权，中国与欧盟在国际上周旋良久，最后使得国际电信联盟给出了一小段黄金频率供各国卫星导航系统平等申请。2000年，中国“北斗”与欧盟“伽利略”同时成功申报。

根据国际规则，在申报卫星频率和轨道位置后的7年内，中国必须发射卫星，启用所申报的资源，否则原先的申报将自动失效。另外，国际上遵循先用先得的原则，即哪一个国家先成功发射了导航卫星，并且该卫星还发射了所申请频率的信号，那么这个卫星频率就归该国所有，其他国家将不得再使用。

2000年，中国先后向太空成功发射了两颗地球静止轨道卫星，“北斗一号”系统从此正式诞生。到了2003年，随着第三颗地球静止轨道卫星的加入，“北斗一号”终于成为一个完整的卫星导航定位系统，可以为中国全天候、全天时提供卫星导航信息。

然而，作为“北斗”一代的“北斗一号”本身还存在着一些缺点，比如覆盖服务范围有限、只能二维主动式定位等。为此，中国在2004年启动了“北斗二号”系统工程建设。

2005年，欧盟“伽利略”发射了首颗中轨道试验卫星并占领了轨位。这颗卫星虽然没有发射所申请频率的信号，但也给中国带来了很大的压力，因为当时的“北斗二号”卫星导航系统还停留在初期研制阶段，而我国在2000年申请的卫星频率的最后使用期限快要到了。

经过中国科研人员的努力，2007年4月14日，在西昌卫星发射中心，随着一枚运载火箭成功升空，第一颗北斗导航卫星（“北斗二号”系统的组网卫星）顺利进入太空；4月15日，该卫星实现了变轨；4月16日，开始向地面发射信号，成功在规定的期限内启用了申报的卫星频率。

2009年4月15日，中国成功将第二颗北斗导航卫星送入预定轨道。也就是从那一年开始，中国的北斗卫星导航系统进入了组网高峰期，渐渐在技术方面反超了“伽利略”，并率先一步占据了剩余黄金频段中较优的频率。

2012年12月，随着第16颗北斗导航卫星发射升空并进入预定转移轨道，“北斗二号”系统终于建设完成，形成了覆盖亚太大部分地区的导航服务范围。

不过，如果大家以为北斗卫星导航系统至此就停住了脚步，那可大错特错了。在“北斗二号”开始为亚太地区服务时，规模更大、技术更先进、系统性更强的“北斗三号”卫星导航

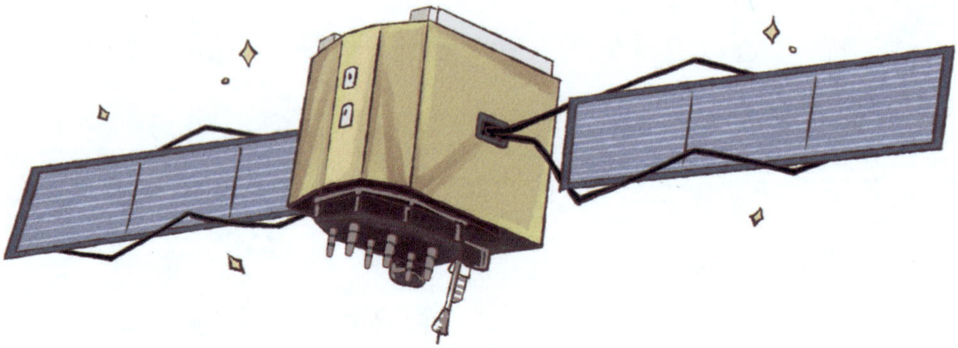

系统建设很快全面启动。

2017年11月，中国利用运载火箭以“一箭双星”的方式发射了第24颗和第25颗北斗导航卫星（“北斗三号”的首批组网卫星）。至此，北斗卫星导航系统进入了全球组网时代。

2020年6月，第55颗北斗导航卫星，即“北斗三号”最后一颗全球组网卫星顺利升空。2020年7月，“北斗三号”全球卫星导航系统正式开通，成为一个能为全球用户提供全天候、全天时、高精度的定位、导航和授时服务的国家重要空间基础设施。

近年来，随着北斗卫星导航系统的功能日益强大，它早已悄无声息地对大家的生活产生了巨大影响。例如，在中国到处可见的共享单车，就是依靠北斗卫星导航系统的“电子围栏”技术才得以方便地规划路线、管理车辆，从而大大降低了成本；北斗卫星导航系统的短报文通信功能可以将采集的气象信息自动传回数据中心，人们可以借此将需要公布的气象预警信息传达到以前无法覆盖的局部偏远地区，从而让天气预报变得更加准确、及时；即便是在国际救援方面，北斗卫星导航系统也可以为有需要的人们提供免费的全球范围搜救定位服务……

北斗卫星导航系统已经成功加入国际民航、国际海事、移动通信三大国际组织，并展开了全球化服务。接下来，它将继续用创新和高质量的服务，为未来“导航”，为中国的发展贡献自己的力量。

中国载人空间站“天宫”：中国的“太空之家”

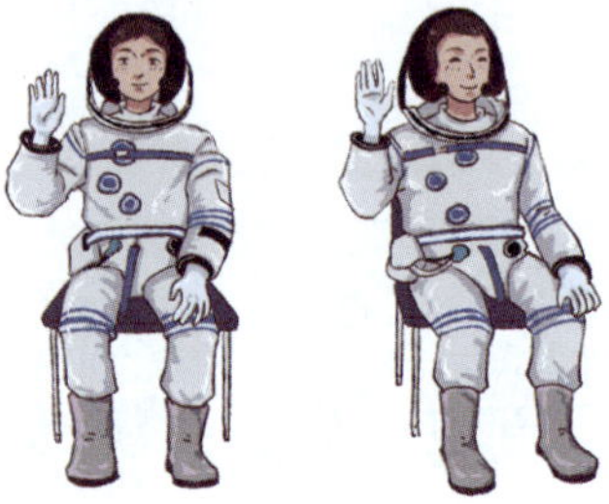

中国载人空间站“天宫”是我国目前正在积极组建的一个大型空间站，它的出现与一项载人航天计划息息相关。20世纪90年代初期，中国正式启动载人航天工程，提出了“三步走”的发展战略。其中，第一步是发射载人飞船，建成初步配套的试验性载人飞船工程，开展空间应用实验；第二步为突破航天员出舱活动技术、空间飞行器的交会对接技术，发射空间实验室，解决有一定规模的、短期有人照料的空间应用问题；最后一步便是建造自己的空间站，解决有较大规模的、长期有人照料的空间应用问题。

对于当时的中国来说，建造空间站可谓任重而道远，但一

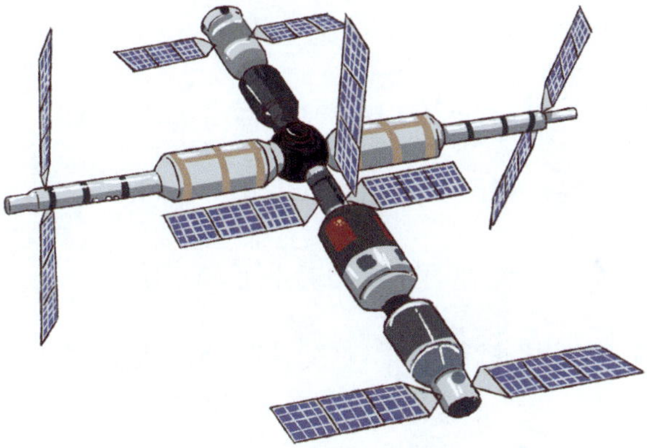

批又一批的科研工作者坚持了下来。中国逐步进行了数次航天飞船的发射任务。其中，为了进行技术积累以保障飞船和火箭的可靠性，前四次为无人发射。2003年，随着中国第一艘载人航天飞船“神舟五号”成功发射，以及中国首位进入太空的航天员安全返回，中国载人航天计划的“第一步”顺利完成。

随后，中国的航空航天事业进入了快速发展期。2005年10月，两名中国航天员乘坐“神舟六号”进入太空，成功实现了两人多天飞行，并在飞船运行期间进行了一些空间科学实验。2008年9月，“神舟七号”载人航天飞行不仅实现了航天员的首次出舱活动（太空行走），还携带着一颗伴飞小卫星，完成了诸多试验工作。

2011年9月，中国第一个空间实验室“天宫一号”顺利升空。它是中国载人航天工程发射的第一个目标飞行器，在功能上也可视为一个空间站的“雏形”，能够保障航天员在里面短期驻留，从而开展科研工作。另外，“天宫一号”还肩负着一个极其重要的任务，那就是验证中国空间飞行器的交会对接技术，为后续建造空间站积累经验。于是，在2011年11月至2013年6月，中国先后向太空发射了“神舟八号”“神舟九号”和“神舟十号”飞船。它们都圆满地完成了与“天宫一号”的对接与分离任务，并且“神舟十号”飞船的三名航天员还在“天宫一号”里工作生活了12天。

2016年3月16日，“天宫一号”在完成使命并超时限服役两年多后，正式“退休”，终止了数据服务，而接替它的“天宫二号”很快于同年9月15日在酒泉卫星发射中心发射升空。

“天宫二号”是在“天宫一号”基础上改装而成的，它由资源舱和实验舱组成。其中，资源舱为非封闭结构，主要为“天宫二号”在太空飞行时提供能源和动力；实验舱是一个密封舱，可为航天员在太空生活提供舒适的载人环境和活动空间。另外，“天宫二号”还是中国首个具备补加功能的载人航天科学实验空间实验室。

如果说“天宫一号”是中国载人航天进入空间应用前的一次尝试，那么“天宫二号”则是中国载人航天进入空间应用阶段的一次真正“大考”，因为它需要完成航天员中期驻留、推进剂在轨补加、开展大规模科学实验等任务。从这方面来看，“天宫二号”是中国第一个真正意义上的太空实验室。

2016年10月，中国航天员乘坐“神舟十一号”飞船成功飞入太空。在经过两天独立飞行后，“神舟十一号”与“天宫二号”实现自动交会对接工作，形成组合体，并以组合体的形式在轨飞行了30天。在此期间，航天员按照飞行手册、操作指南和地面指令进行工作和生活，开展了大量的空间科学实验和技术试验。

2017年4月20日，中国自主研制的第一艘货运飞船“天舟一号”成功升空，并于4月22日与“天宫二号”完成首次对接，形成组合体。4月27日，“天舟一号”与“天宫二号”完成首次推进剂在轨补加试验工作。接下来几个月里，这两个航天器又相互配合，完成了一系列的空间实验室阶段任务及后续拓展试验。2017年9月22日，完成使命的“天舟一号”在地面遥测指令的控制下进入大气层烧毁，而“天宫二号”的主要任务也已经完成。至此，中国载人航天工程的第二步完美收官。同时，这也标志着中国正式建造载人空间站的条件已经成熟。

中国载人空间站“天宫”属于基本型空间站，其结构大致包括一个核心舱、一艘货运飞船、一艘载人飞船和两个用于实验等功能的其他太空舱。

其中，核心舱是空间站的管理和控制中心，它能与各种实验舱、载人飞船和货运飞船对接，一般需长期有人驻守；货运飞船是空间站的地面后勤保障系统，功能上相当于“太空快递员”，可以为空间站提供补给或其他相关设备；载人飞船相当于“太空客车”，主要执行运输航天员和应急返回等任务；至于剩下的两个实验舱，其主要功能当然是开展太空试验啦！

也就是说，中国载人空间站“天宫”是一个由多模块组合而成的空间站。这意味着人们在建造它时，需要先借助航天运载器分批将各模块送入轨道，然后再于太空中将各模块组装起来。

这下，大家应该明白为什么中国会事先发射诸多功能各异的太空飞行器了吧！其实，从某种程度上来说，这些发射任务就相当于“单模块练习”。经过前面一番介绍，想必大家对中国载人空间站“天宫”的载人飞船（“神舟号”系列）和载货飞船（“天舟号”系列）都不陌生了，接下来再给大家简单介绍一下中国载人空间站“天宫”的核心舱以及它的两个太空实验舱。

中国载人空间站“天宫”的核心舱名为“天和”，代号“TH”。它全长16.6米，最大直径4.2米，发射质量22.5吨，可供三名航天员长期在轨驻留，并支持开展舱内外空间科学实验和技术试验。另外，“天和”上面保留有备用接口，这意味着未来如有需要，中国完全可以对天宫空间站做进一步升级。

中国载人空间站“天宫”的两个实验舱，一个被命名为“问天”（实验舱Ⅰ），另一个被命名为“梦天”（实验舱Ⅱ）。其中，“问天”号属于控制与实验应用舱，舱外设置了一架小型机械臂，而“梦天”号以应用实验任务为主。它们俩的全长均约14.4米，最大直径均约4.2米。

2021年6月，搭载“神舟十二号”载人飞船的长征二号F遥十二运载火箭发射成功，完成空间站阶段的首次载人飞行任务，三名航天员进入“天和”核心舱，开展为期3个月的太空生活，这标志着中国人首次进入自己的空间站。

2021年10月，“神舟十三号”三名航天员进入“天和”核心舱，中国空间站也迎来了第二个飞行乘组和首位女航天员，他们将在轨生活、工作6个月的时间。

美国、俄罗斯、日本、加拿大和巴西及欧洲的11个国家共同研发建造的国际空间站（ISS）预计在2024年退役。届时，中国空间站将有可能是全世界唯一在轨运行的空间站。中国邀请世界各国积极参与进来，利用未来的中国空间站开展舱内外搭载实验等合作。随着中国空间站的日益完善，中国的空间科技势必会以更耀眼的姿态活跃于世界舞台。

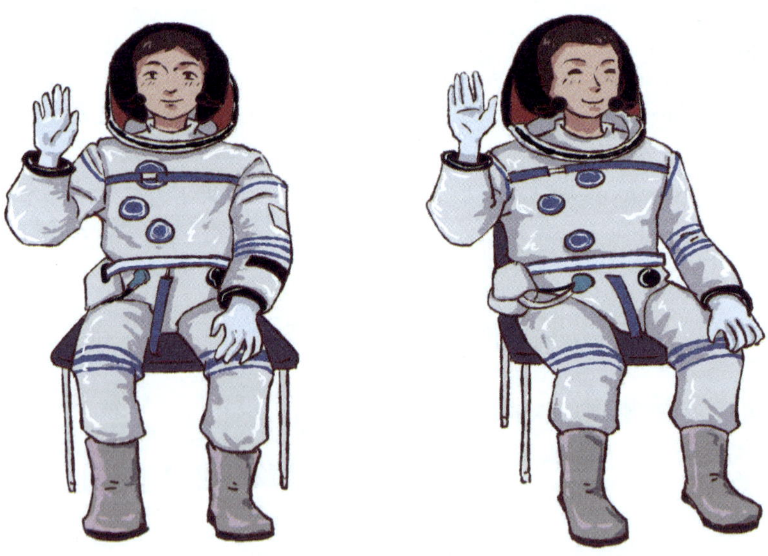

探月工程：新时代的“嫦娥”奔月

在中国，嫦娥奔月的神话故事可谓妇孺皆知，并衍生出了许多相关的文艺形象、影视剧等。但是，你知道吗？在现实生活中也有“嫦娥”奔月，它便是中国探月工程，即著名的“嫦娥工程”。

该工程是中国经过长期准备和多年论证才正式立项的。它开始于2004年，主要内容分为“绕、落、回”三步走发展战略，借助无人航天器造访月球、探测月球、认识月球，从而为后来的载人登月奠定坚实的基础。

“嫦娥工程”的第一步是“绕”，即绕月探测。为了完成这一任务，中国于2007年10月发射了第一颗月球探测卫星——

“嫦娥一号”。

“嫦娥一号”质量为2.35吨，星体为立方体，两侧各有一个太阳帆板，最大跨度达18.1米。

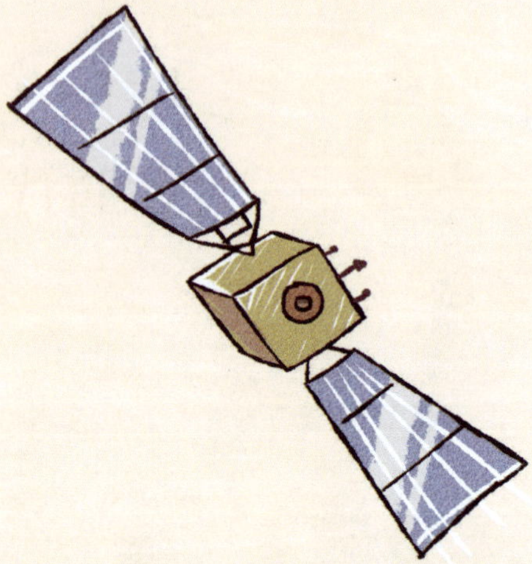

据悉，它的身上除了装有一台变轨发动机和多台姿控发动机之外，还携带多种科学仪器。另外，作为中国的第一颗绕月人造卫星，它还特地搭载了30首中国歌曲，在太空循环播放。

“嫦娥一号”的设计寿命虽然只有一年，但它在轨工作期间一共传回了1.37TB的有效科学探测数据。中国科研工作者正是在它的帮助下获取了全月球影像图、月表部分化学元素分布等。

2009年3月，“嫦娥一号”在北京航天飞控中心的精确遥控下，成功撞击月球。至此，圆满实现工程目标和科学目标的“嫦娥一号”完美谢幕。

2010年10月1日，当广大中国人民正欢度国庆佳节之时，“嫦娥二号”探测卫星成功升空，直奔月球轨道。“嫦娥二号”

原是“嫦娥一号”的备份星，所谓备份星一般是指在先导星工作失效的情况下，接替先导星工作的卫星。由于“嫦娥一号”先前已经完成了预定任务，所以“嫦娥二号”的主要使命变成了进一步深化“嫦娥一号”绕月飞行的科学探测，并为后续研究探路。

2011年4月，原本设计工作寿命为半年的“嫦娥二号”已经完全实现了预定目标。不过，鉴于它自身还剩有很多燃料，中国的航天专家们便借机开展了一次再拓展试验，即远程控制“嫦娥二号”使其摆脱月球引力，飞往更远的深空。

2011年6月，“嫦娥二号”成功飞离月球，开始奔向距离地球150万千米的日地拉格朗日$L2$点，该点是国际深空探测的热点。最后，“嫦娥二号”受控准确进入该点的环绕轨道，并实现150万千米远距离测控通信。这一拓展性试验使中国一举成为世界上继欧空局（欧洲航天局）和美国之后成功造访该点的国家。另外，这也是国际上第一次从月球轨道出发探测拉格朗日点的航天活动。

不过，“嫦娥二号”到达拉格朗日$L2$点后并没有一直停留下去。2012年6月，这个昔日的“替补”卫星成功脱离日地拉格朗日$L2$点环绕轨道，开始了新的太空“长征”。同年12月，“嫦娥二号”在距地球约700万千米的深空，与国际编号为4179的小行星“擦身而过”（最近相对距离为3.2千米），并利用自己的星载监视相机对这个小行星进行了光学成像。至此，“嫦娥二号”完成了自己最后的使命，成为一颗飞入星际的探测器。

“绕”月探测任务完美收官后，中国开始积极开展“嫦娥工程”的第二步——“落”（着陆月球）。2013年12月，中国第一个月球软着陆无人登月探测器“嫦娥三号”（由着陆器和巡视器组成）顺利升空，在月球虹湾以东地区成功软着陆并顺利释放出了巡视器，这个巡视器就是鼎鼎大名的“玉兔”号月球车。

众所周知，月球上的环境可比地球上的环境恶劣得多，这里不仅没有大气，而且昼夜温差极大，白天温度可达120℃左右，夜晚温度则会急剧下降到零下180℃左右。如果技术水平不达标，探测器即便侥幸着陆月球也无法正常开展工作。

得益于中国科研人员的努力，“玉兔”号的硬件设备是足够应对月球环境的。它驶抵月球表面后，便在地球工作人员的遥控下，依靠身上搭载的各种先进仪器开展了一系列的巡视考察工作。“玉兔”号还有一条机械臂，必要的时候能在月壤、月岩中勘探取样，供相关设备进行现场检测。

由于“嫦娥三号”的最初目标是能安全地落到月球表面，并成功地动起来，做一些简单的巡视考察工作，所以“玉兔”号月球车的设计寿命只有短短的三个月。不过，它超长服役了两年多，直到2016年7月31日才完全停止工作。在此期间，“玉兔”号虽然因发生机械故障而“腿脚不灵便”（无法继续移动），但其搭载的科学仪器依然保持正常工作，并采集了大量珍贵数据，为人类进一步了解月球做出了不小的贡献。由于“玉兔”号只拥有一张“单程票”，所以“退休”后的“玉兔”号无法返回地球，只能一直待在月球上，守望着曾经的故乡——地球。

当然，“玉兔”号不可能孤零零地待在月球，因为在它之后还有很多探测器造访了月球。例如，“嫦娥三号”的备份星“嫦娥四号”便于2018年12月飞抵月球附近，2019年1月着陆月球背面。

与“嫦娥三号”一样，“嫦娥四号”也携带了一个巡视器，并且其名字与“玉兔”号很像，叫作“玉兔二号”。除了进行月球背面就位探测及巡视探测之外，“嫦娥四号”还在月球上进行了生物科学试验，其携带的棉花种子还成功发芽了。

“嫦娥三号”和“嫦娥四号”成功实现了中国探月计划中的“落”，接下来便是“回”，即采样返回。这个主要任务由“嫦娥五号”完成。

与以往的月球探测器不同，“嫦娥五号”主要由四个部分

组成，具体为轨道器、返回器、着陆器和上升器。其中，着陆器主要负责月面软着陆，然后自动进行月面采样、样品封装等操作。接着，样品将由着陆器上面的上升器携带升空进入月球轨道，与环月飞行的轨道器对接，从而把样品转移到返回器内部。最后，轨道器会携带返回器点火启动，从环月轨道直接返回地球。

“嫦娥五号”的整个工作流程看起来很简单，也就是跑到月球上采集一些样品，然后将其带回地球。不过，大家别忘了这期间可都是远程无人操作，没有过硬的航天技术根本无法实现。

2020年11月，“嫦娥五号”探测器顺利进入预定轨道，开启中国首次月球无人采样返回之旅。

“嫦娥五号”的成功使中国成为世界上第三个从月球取样返回的国家。另外，这一壮举也为中国将来的载人登月奠定了一定的基础。

看到这里，估计有些人会感到疑惑，月球距离地球有38万千米之遥，人类为什么要花费那么大力气去探测它呢？换句话说，中国的整个探月工程除了具有深远的科学意义之外，又与我们有什么关系呢？

其实，“嫦娥工程”与每一个中国人息息相关。如此巨大的工程会带动很多基础科学和高新技术的进步，从而牵引整个国家经济快速向前发展。此外，月球上存在着多种地球上稀缺甚至没有的矿物。月球浅层蕴藏的氦-3据估算有上百万吨，仅是作为能源就能让现在的人类消耗数千年之久。

随着中国探月工程的不断深入，相信在不久的将来，月球会迎来真正的中国“游客”。

航空母舰：威力无穷的海上霸主

无论是在影视剧还是在军事新闻中，一提到现代海军，航空母舰（简称航母）常常是一个绕不开的话题。航母作为一种水面舰艇，因体型庞大、战力惊人而被人们称为“海上霸主”，时至今日更是被视为一个国家综合实力的象征。

中国作为一个海洋大国，在过去很长一段时间里没有航母，这对中国人来说是一个很大的遗憾。进入21世纪后，随着中国综合国力的快速提升，国内建造航母的呼声越来越高。2012年，随着辽宁舰正式入列海军，中国终于拥有了第一艘航母。

辽宁舰虽然是中国以苏联弃建的“瓦良格”号航母为基

础改建的，但它刚被购入时，整个船体几乎已经被拆解得只剩下空壳，中国工程师通过数年改造才让其重获新生。

也正是因为这次改造，中国得以对航母有了更深刻的认识。所以，当辽宁舰入列海军时，中国真正意义上的国产航母也在积极筹建中，而这艘航母便是中国人民解放军海军山东舰，简称山东舰。

大家可能有所不知，航母作为目前世界上最大、最复杂的武器系统平台，要想在短短几个月内建成是根本不可能的，因为现代航母的建造是一个巨大且复杂的系统性工程。

别的不说，单是一艘航母所需的数以千万计的零部件就足

以难倒当今绝大多数国家。另外，建造航母的费用也很高。所以，如果没有足够的科技实力和经济实力是无法独立建造航母的，航母因此被人们称为“只有大国才能玩得起的武器”。

当时，为了顺利推进国产航母的建造工作，中国集合了自己最尖端的科学技术，全国几乎所有的省市都参与了进来。据说，光是为山东舰的建造服务的配套单位就多达500多家，其中既有国有企业、民营企业，也有科研院所，甚至还有很多高等院校。

众所周知，一个工程越是规模宏大，其所需的人力也就越多。山东舰在建造时每天约有3000人上船工作，高峰时期多达

5000多人。可是即便有那么多人日夜赶工，这艘中国国产航母也历时多年才建成。山东舰的每一个部件都由中国制造，它的成功下水标志着中国已经成为世界上少数几个可以独立建造航母的国家之一。

初次看到航母模样的人可能会奇怪，为什么航母的形状会跟其他常见的大型军舰不一样？其实，这主要是因为它们的作战工具不同。常见的军舰为了提升自身的作战能力，往往会在甲板上修建各种建筑，安装各种火炮、导弹发射器等。航母则不同，其作战武器主要是大量的舰载机，而舰载机无论是起飞还是降落停放都需要占据很大的空间，所以航母一般会修建一个比军舰舰体宽度大得多的飞行甲板。

至于建立在甲板一侧远看酷似一个小岛的建筑物，则是被誉为“航母大脑”的舰岛，其上面集成了指挥塔、航海室、雷达、通信天线和烟囱等必备构件。通常情况下，一艘航母的舰岛越小，性能往往越高，因为这样可以减少对整个航母甲板空间的侵占，从而得以停放更多的舰载机，提升航母的作战能力。如果你对现代航母有所了解的话，可能还会发现一个有趣的现象，即无论是山东舰还是辽宁舰或者其他现代航母，都仿佛商量好似的将舰岛建立在甲板的右侧（从航母后方看）。

这是为什么呢？原来，舰岛设在飞行甲板右侧可以有效避免舰载机飞行员在降落过程中遇险时撞上去。很多人看到这里也许会感到疑惑，难道舰岛设在甲板左侧就容易被飞机撞？事实真是这样。相关科学研究表明，人类在快速运动的情况下，如果发现自己前方有危险，身体会本能地向左倾斜或转向以保护心脏的位置。也就是说，在某些情况下左行是人类的一个避害本能。飞行员在遇到危险时，下意识的动作多数是向左急转，所以舰岛设在左边被撞的概率要比设在右边被撞的概率高。

舰艇海试是指到真正的远海进行航行试验。至于海试的具体内容，则因被试船舶不同而有所差异。例如，常规舰艇的海试内容主要是在航行状态下，对船体、轮机以及其他设备按规定要求进行一系列的试验。

对于航母来说，海试时除了考查自身设施之外，还要与舰

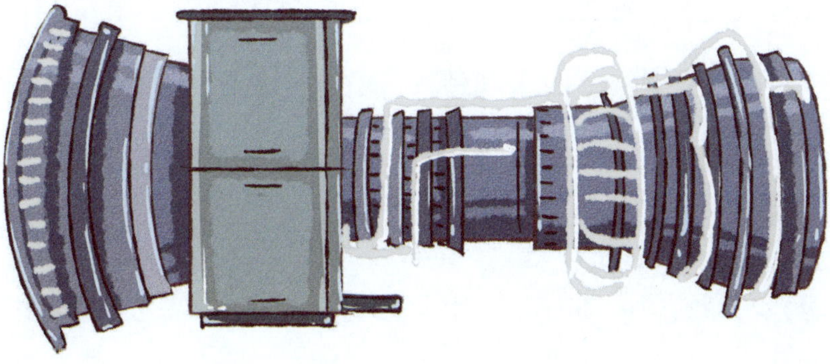

载机以及其他舰艇组成编队进行试验，毕竟航母要想形成真正的战斗力，光靠单打独斗是不够的。

2019年10月，山东舰已经成功完成多次海试。2019年12月，经中央军委批准，它被正式命名为“中国人民解放军海军山东舰”，舷号“17”，并于海南三亚某军港正式交付海军，山东舰成为中国一艘真正在役的航母。

山东舰与辽宁舰一样，是以中国的省份命名的。之所以会这样命名，主要与中国舰艇的命名规则有关。这种命名方式不仅便于领导指挥、通信联络，而且随着舰艇航迹遍及各大洋，也顺带着将其名字所涉及的省份、城市形象带到全世界。从某种程度上来说，舰艇的命名对于所涉及省份、城市来说就是一张流动的名片。

那么，山东舰为什么选择“山东”作为名字呢？这主要有两个原因：一是航母的命名侧重于沿海省份，山东身为沿海大省，自然有入选资格；二是中国第一个航母基地建于山东，作为中国第一艘国产航母，山东舰使用“山东”这个名字也名正言顺。

众所周知，航母是一个海上“巨无霸”，要想动起来必须有强大的动力支持才行。目前，现代航母动力来源主要有两种：常规动力与核动力。其中，使用常规动力的航母需要安装先进的锅炉和燃气轮机，而核动力航母需要装载核反应堆，核动力技术还代表着航母的最新发展方向。

看到这里，很多人会想当然地认为常规动力的航母在战斗力方面不如核动力航母，因为常规动力航母在出航时需要携带大量燃油，所以其内部空间不如核动力航母大。这种说法虽然有一定的道理，但仅凭动力这一项还不足以决定一艘航母战斗力的大小，其他设备对总战斗力也有着重要影响。

中国的航母建设虽然起步较晚，但稳扎稳打的脚步正一步步向世界证明，中国拥有保卫蓝色国土的坚实后盾。

“奋斗者”号：探索深海的利器

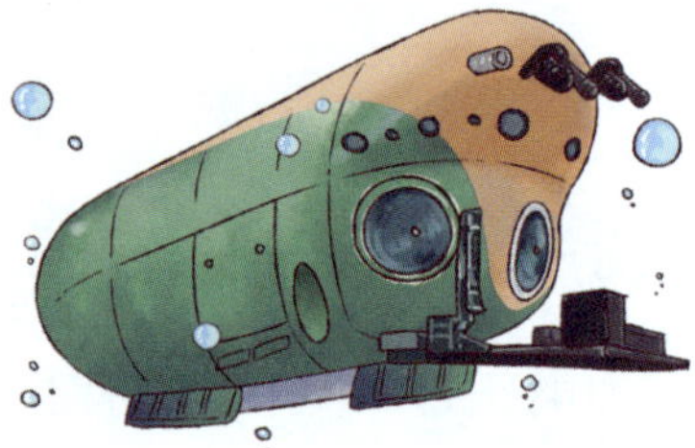

近代以来，随着海洋科学的迅速发展，人类越来越意识到海洋的重要性。为了进一步探索大海的秘密，人们除了在海面上进行科研活动之外，有时还必须亲自潜往水下，甚至潜到几千米深的深海处进行考察。想要实现这一目标，就必须借助一种装备，它便是深海载人潜水器。

所谓深海载人潜水器，其实就是一种可载人到深海进行水下观察和作业的潜水装置。看到此处，也许有人会问，现在不是已经有潜水艇了吗？为什么还要专门研制潜水器呢？不知大家有没有听说过这样一句话，即“闻道有先后，术业有专攻”，潜水艇虽然可以下潜到水下几百米，甚至一千多米，但它们毕竟属于作战装备，主要是为军事服务的。况且，深海探测的目标区域常常在水面下数千米处，即使是当前最先进的潜水艇也无法承受那里的巨大水压。所以，很多深海考察、海底勘探、海底开发和打捞等任务还是得依靠深海载人潜水器才能完成。

由于深海载人潜水器研制技术处于深海高技术领域的最前沿，所以至今也只有少数国家能研制出6000米级的深海载人潜水器。至于下潜深度达10000米级的深海载人潜水器，则没有多少国家可以制造得出来。值得注意的是，在世界上屈指可数的几个万米级深海载人潜水器里，就有一个来自中国，而这个“中国制造”载人潜水器便是“奋斗者”号。

“奋斗者”这个名字虽然命名于2020年6月，但其诞生可以追溯到2016年。那一年关于它的科学研发项目正式立项，而承担该任务的科研团队成员大多参与过“蛟龙”号、“深海勇士”号载人潜水器的研发工作。

说到这里，就不得不简单提一下“蛟龙”号和“深海勇士”号，前者在2012年创造了载人下潜深度7062米的中国载人深潜纪录，该纪录意味着它可以在全世界99.8%的海域中执行任务，而后者在2017年实现了4500米级载人潜水器关键技术自主化和关键设备国产化。可以这么说，如果没有“蛟龙”号和“深海勇士”号在前面铺路，“奋斗者”号是不可能这么快就与大家见面的。

一款万米级的载人潜水器，其能力要想得到世界的认同，最好的证明方法便是亲自到10000多米深的海域“溜达”一番，而目前地球上能提供这种海试的环境也只有马里亚纳海沟了。它全长2550千米，平均宽70千米，极限深度可达11000米以上，堪称深海之最，因此被很多人称为地球上的“第四极”。

可能有的人对深度11000米没什么概念，这么跟你们说吧，如果把世界最高的山峰珠穆朗玛峰投进马里亚纳海沟的最深处，它也不会冒出水面。也正因为此，世界各国都将马里亚纳海沟视为测试深海科考能力的最佳场所，而海沟的最深处，则被人们命名为“挑战者海渊”。

在“奋斗者”号前往“挑战者海渊”之前，世界上只有寥寥数艘载人潜水器到过那里，其中最广为人知的有美国“的里雅斯特”号和加拿大“深海挑战者”号。它们的深潜行动虽然曾在新闻界引起巨大轰动，但在科研方面没有太大的价值，毕竟它们只是“到此一游”，没有在海底进行任何活动。而“奋斗者”号的使命除了完成中国新的深潜纪录之外，还需要在海底进行一系列的深海探测科考活动。这意味着它要想实现预定目标，就必须在结构和性能上全面超越以前的万米级载人潜水器。

众所周知，随着海洋深度的增加，水压也会快速增加，而10000多米深处的水压已接近1000多个大气压，这相当于2000头非洲象踩在一个人的背上。因此，载人潜水器要想潜入万米海底，就必须能够抗住巨大的水压，否则还没到达目的地，整个潜水器就被海水压扁了。

为了解决这个问题，中国科研人员花了好几年的工夫，终于为“奋斗者”号设计出了一套可以应对极端压力的“铠甲”。其中最为关键的部件——

载人舱，也被精心设计成了球形，整个空间可以同时容纳3名乘员。

常言道：“人是铁，饭是钢，一顿不吃饿得慌。”与人类一样，潜水器要想正常工作也离不开动力支持，而“奋斗者”号的动力来源是一个个头很大的电池箱，里面装载着专门定制的深海锂电池。提及锂电池，大家应该对它不会感到陌生，毕竟现在很多电子产品都是使用锂电池供电的，比如智能手机、智能手表等。不过，“奋斗者”号身上的深海锂电池可非同一般，因为它可以在深海环境下实现安全稳定的供电。

资料显示，“奋斗者”号的深海锂电池所能承受的最大环境压力可达110兆帕（MPa），大约相当于电池单体在11000米的深处工作时，其上面如指甲盖大小的面积上要承受约1.1吨的重量。可以说，如果没有这样的深海锂电池，潜水器即便成功下潜到万米深的海底，也很难在下面开展长时间的工作。

对海洋知识有所了解的人应该知道，自然界的阳光很难到达海平面200米以下。这意味着在前往万米深的海底期间，周围几乎都是漆黑一片。再加上海面下的地形很复杂，稍有不慎还会出现“触礁”事故。所以，载人潜水器必须依靠控制系统的精准指挥，才能最大限度地降低风险。

为此，中国的科研人员又针对深渊复杂环境下大惯量载体多自由度航行操控、系统安全可靠运行等技术难题进行了攻关，最后研制出一套操作简单、安全稳定的控制系统。凭借该控制系统，“奋斗者”号不仅可以在海底实现自动巡航、自主避碰，而且还能实现定点航行和悬停定位。另外，为了与外界实时沟通，它的身上还搭载了一套先进的水声通信系统。这使得“奋斗者”号即便位于万米深的海底，也可以轻松地向海面信息中心发送文字、语音及图像。

深海载人潜水器除了能安全下潜之外，还必须能够顺利返回水面，而返回期间少不了固体浮力材料的帮忙。浮力材料虽然常见，但是密度低且耐高水压的万米级高性能固体浮力材料就不多见了，与其相关的制备技术更是掌握在少数几个国家手中。也许有人会说，高性能固体浮力材料真的那么重要吗？当然重要了，远的不说，单是近年来国际上就不乏由于浮力材料开裂、塌陷等原因导致的水下装备丢失和报废事例。况且，“奋斗者”号里还有3名乘员呢！如果一个深海载人潜水器“下得去”却“上不来”，试问还有谁敢乘坐？为了解决这个问题，中科院理化技术研究所牵头开始了万米级浮力材料自主攻关的项目，不仅成功研制出合格的万米级固体浮力材料，而且还将这些材料进行了批量化生产。

总之，在众多中国科研人员的努力下，“奋斗者”号这个可以同时搭载三人的万米级载人潜水器诞生了。从外观上来看，它很像一条个头超大的“大头鱼”，“肚子”以及“头顶”还分别被涂上了醒目的绿色和橘色。

另外，“奋斗者”号的后面还配备有一双“机械手”，分为两部分，其中舱外可见的为从手，需要潜航员操作的主手则位于舱内。别看这双机械手块头不大，它的灵活性非常高，不仅可以实现360°度转动，而且操作精度还达到了1厘米。这意味着在舱内潜航员的控制下，“奋斗者”号能轻松完成水下布放、拾取等精准操作。

2020年10月10日，在“探索一号”和“探索二号”两艘科考船的支持保障下，“奋斗者”号从三亚崖州湾南山港码头启航，奔赴西太平洋马里亚纳海沟海域。在预定海域完成前期准备工作后，这个深海潜水器便在工作人员的配合下开始进行万米深潜试验任务。

同年10月27日，“奋斗者”号在马里亚纳海沟成功下潜突破10000米，此后捷报频传，截至11月19日，它在预定海域一共进行了13次下潜活动，其中8次突破万米，并创造了10909米的中国载人深潜新纪录。万米深潜试验圆满结束后，“奋斗者”号便于2020年11月28日随船胜利返航。“奋斗者”号在海底共工作约

6个小时，不仅拍摄了许多宝贵的图像资料，还借助采样工具带回了一些诸如矿物质、沉积物、深海生物及深海水等样品。这标志着中国已经具备了潜入和探索100%海域的能力。

噢！对了，在执行深潜任务期间，“奋斗者”号还过了一把“网红”瘾，进行了一次下潜全程直播，而这归功于“奋斗者”号的“御用摄影师”——“沧海”号以及它的小助手“凌云”号。其中，“沧海”号是一款中国自主研制的无人深海着陆器，它能进行全海域4K超清视频拍摄采集、传输处理等操作。至于“凌云”号，则是一款水下无人机器人，它可以在深海自由活动，为“沧海”号提供更多角度的照明。可以说，如果没有它们帮忙，“奋斗者”号的直播秀根本不可能完成。

超级钢：未来工业的筋骨

谈及现代工业的发展，钢铁是一个永远无法绕开的话题，因为在各行各业都有它的身影。如果将现代工业比作一副身体，那么钢铁就是支撑这副身体的筋骨和脊梁。随着社会继续向前发展，人们对钢铁的质量要求也开始变得越来越高。正是在这种背景下，一种具有超高强度和长寿命的钢铁材料诞生了，它便是超级钢。

中国作为一个正处于快速发展期的大国，每年都需要消耗大量的钢铁，钢铁产量更是让其他国家望尘莫及，仅河北省唐山市一年的钢铁产量就足以支撑整个第二次世界大战期间全球的钢铁用量。可以说，中国是世界上名副其实的“钢铁大国”。

可惜的是，这个称号虽然听起来不错，但远不如“钢铁强国”来得实际，毕竟科技才是第一生产力。

在过去很长一段时间里，由于缺乏相应的研发能力，中国只能生产低端钢材，高端钢材则需要大量进口，以至于很多领域都被外国人“卡了脖子”。甚至有消息称，中国的094型战略核潜艇曾长期被迫使用日本生产的NS110特种钢，因为中国自己无法造出具有此类高强度的超级钢。

为了摆脱受制于人的局面，解决国家战略需求中的重大科学问题，中国曾于20

世纪末开始实施一项国家重点基础研究发展计划（简称973计划），其中就包括了超级钢的研制。而中国第一代超级钢的诞生与一位科学家密切相关，他便是被誉为“中国超级钢之父”的王国栋院士。

王国栋出生于辽宁省大连市，1966年大学毕业后被分配到鞍钢小型厂工作，在那一待便是10年。10年的工厂生活不仅给王国栋带来了丰富的人生体验，而且还让他与钢铁材料结下了一生的不解之缘。

1978年10月至1981年12月，王国栋师从北京钢铁研究总院的轧钢专家张树堂教授，攻读压力加工专业硕士学位。研究生毕业以后，他回到东北大学任教，自此开始全身心地投入到钢铁材料轧制理论、工艺、自动化方面等领域的应用基础和工程技术研究。

技术人员出身的王国栋并没有完全沉浸在象牙塔式的大学任教生活里，而是每年都要抽出大量时间去一线钢铁企业考察。因为他明白，科研之路应该从实践中来，到实践中去，不能仅靠想象。

周围的人也曾对王国栋亲自下企业的做法感到困惑，觉得他作为一个大学教授，一个高级知识分子，没必要每年花费那么多的时间去工厂自讨苦吃，毕竟那里的环境并不怎么好。对此，王国栋不以为然，他认为进行科学研究必须始终坚持问题导向。正是凭借着这种“在实践中搞科研”的精神，王国栋先后取得了一个又一个的科研成果。

1998年，隶属于973计划的一个项目——“新一代钢铁材料重大基础研究”正式立项，其中“铁素体/珠光体钢实现晶粒细化的基础研究”课题落在王国栋教授科研团队的肩上。为了完成这个课题，研制出属于中国的超级钢，王国栋带领团队在实验室与一线企业之间往来奔波。

当时，除了中国之外，日本、韩国等国家也相继启动了面向21世纪的结构材料研究计划，其目标便是在成分基本不变的前提下将现有钢材的强度和寿命提高一倍，主要研究思路是先探究晶粒细化的极限，然后借此制造“超级钢”。

王国栋教授作为一名钢铁材料前沿技术的探索者，自然对日、韩等国研制超级钢的整体思路有所耳闻，不过他并没有盲目追随潮流，而是借助一系列实验进行了验证。结果，王国栋及其团队发现，追求晶粒极度细化对增强钢铁的抗拉强度并没有很明显的作用，况且这种方法对加工制造过程还有着极高的要求，当时的工业条件根本达不到。

为此，王国栋创新性地提出“晶粒适度细化和复合强化”的学术思想，并以此展开研究。经过刻苦攻关，王国栋教授带领着科研团队在短短一年内相继破解了提高材料抗拉强度、降低材料屈强比等难题，采用传统控轧控冷技术，研发出了新一代钢铁材料原型钢——超级钢。

随后，王国栋团队又与国内的钢铁企业合作，进行超级钢热轧带钢的工业试制和生产。1999年9月，王国栋等人在宝钢2050热连轧机（当时国内最先进的一套轧机）上进行了SS400钢细化晶粒的第一次现场轧制实验，这也是世界上第一次用工业化的轧机轧制超级钢的实验。随着板带在卷取机上慢慢成卷，中国的“超级钢”终于诞生了。王国栋与现场的工程技术人员无不激动万分，有的人甚至流下了喜悦的泪水。

中国有了超级钢，但实际应用效果怎样呢？为了打消外界的质疑，王国栋科研团队又与宝钢、一汽等企业合作，在2002年成功实现了超级钢的大规模工业生产，并将其用于汽车制造，产生了巨大的经济效益和社会效益。

这一系列惊人的成果标志着中国超级钢的开发应用已经实现了零的突破，而王国栋教授也因研制出“400MPa级铁素体/珠光体钢的超细晶强韧化与控制技术”荣获2004年度国家科学技术进步奖一等奖。自此以后，中国的超级钢工业开始蓬勃发展，并逐步由跟在世界同行后面跑变为了与世界同行并行。到了2011年，中国的科研人员还成功制造出了屈服强度为1100MPa的超级钢，使自身的潜艇用钢步入了世界先进行列。

如今，在世界超级钢技术前沿水平的系列钢种中，发展最为成熟的是马氏体超级钢。什么是马氏体？其实，它是钢铁材料中一种比较常见的微观组织形态。也许你听不太懂，那就以生活中常吃的面食为例给大家解释一下。众所周知，不同的面食有着不同的微观结构，比如面包松软多孔而面条致密筋道。同理，不同的钢铁材料也有不同的微观结构。马氏体就是其中的一种，由这种微观组织形态构成的钢铁有着较高的强度和硬度。因此，马氏体超级钢常常被用于航空航天和武器制造

领域，比如火箭发动机壳体、飞机起落架等。

不过，马氏体超级钢虽然是钢铁家族中的“网红”，但由于制作时需要加入大量的钴、钛、钼等稀有合金元素，且要经过复杂的冶炼工艺，所以成本极其高昂，根本无法大量应用于人类生活。因此，现在很多国家都在大力研究一种既具高性能又可兼顾成本和工艺要求的超级钢，以期在未来的钢铁工业中占据优势地位。当然，中国也是这场钢铁科技竞赛的参与者。

相关资料显示，早在2017年，北京科技大学新金属材料国家重点实验室的科研人员就成功开发出一种全新的高强度高韧性钢材。经过测试，这种新型超级钢的抗拉强度竟达到了前所未有的2200MPa，并且其成本相对低廉，生产过程也非常简单，无须借助复杂而费时的冶炼工艺。由此看来，中国新研制的超级钢无论是性能上还是工业化生产潜力上都已处于世界领先水平。

至于“中国超级钢之父”王国栋，他这些年也没有闲着。自从开发出“超级钢”后，王国栋科研团队便继续瞄准钢铁行业绿色化、减量化的大方向，聚焦新一代控制轧制和控制冷却技术，最大限度地挖掘钢铁材料的潜力，以实现绿色、低耗的钢铁生产。

这些创新工作虽然不是直接研制新型超级钢，但在钢材由“中低端”升级到“中高端”的过程中发挥了极其重要的作用，使中国的钢材品种成功实现了更新换代。有的钢铁产品还被用于建造“国之重器”，例如，981钻井平台、观音岩大型电站、新一代舰船等都有新型钢材的身影。

除此之外，王国栋在新型超级钢的研制上也取得了不错的成果，2018年，他与其他科研人员一起在国际上率先研发出了2000MPa级汽车用高强钢，使中国的超级钢真正实现了“刚”“柔”并济。

随着科技的发展，超级钢的制作成本变得越来越低，估计过不了多少年便能在工厂进行大规模生产。届时，说不定寻常百姓家里就能找到超级钢的身影，真希望这一天早点到来！

智能机器人：现代人类的好帮手

几年前，一部名为《超能陆战队》的动画电影在全球风靡一时，该影片主要讲述了充气机器人“大白”与天才少年小宏及其伙伴组建超能战队，共同打击犯罪阴谋的故事。如果你看过这部影片，肯定会对里面的智能机器人“大白”印象深刻。那么，在现实生活中是否也存在着像“大白”那样的机器人呢？

答案是否定的，不过大家也不要太遗憾，现实世界里的机器人虽然还比不上影视剧中的机器人那般聪明，但与以前相比，它们在智能化方面已经有了很大的进步，甚至开始被应用于人类生活。

机器人作为一种自动化的机器，至今已经发展了三代。其中，第一代为示教再现型机器人，这类机器人通常只能按照设定程序重复某一动作，比如工厂里常见的机械臂；第二代为感觉型机器人，这类机器人能对外界环境的改变做出一定的自身调整，比如扫地机器人；第三代机器人便是当前科学家正在积极研制的智能机器人，这类机器人是以人工智能技术为基础、实现机器智能化进而为人类服务的智能机器，其身上安装有各种复杂而敏感的传感器，能自主行动并实现某个预定目标。

近年来，随着世界人口红利不断减少，自动化需求日益增加，智能机器人产业发展迎来了良好机遇。为了在这个新兴产业中抢占先机，各大工业强国纷纷摩拳擦掌，加大力度发展自身的智能机器人技术，并取得了不小的成就。

例如，汉森机器人技术公司研发了一款名为Sophia（索菲娅）的人形智能机器人。这款机器人不仅在外形上与真人相差无几，而且能表现出60多种面部表情，在与人类进行眼神接触并完成一定程度的对话后，甚至还可以自行提取数据进行分析，从而让自己变得更“聪明”。2017年10月26日，Sophia还被授予沙特阿拉伯的公民身份，而它也因此成为历史上第一个拥有国籍的智能机器人。

至于被誉为“机器人王国”的日本，在智能机器人制造领域的实力更是不可小觑。早在2016年，日本东京大学就成功制造出了一款可以轻松做出仰卧起坐、俯卧撑等动作的人形智能机器人——Kengoro（腱悟郎）。

中国自然也不想错过智能机器人这一高科技红利，在2015年便将发展智能机器人作为一项战略任务，写进了《中国制造2025》中。这一举措大大加快了中国智能机器人的发展速度，自那之后，各式各样的智能机器人开始出现在中国百姓的视野里。

2015年9月10日，一篇标题为《8月CPI同比上涨2.0% 创12个月新高》的新闻出现在互联网上。仅从内容上来看，这条新闻没有什么特殊之处，但其作者并不是现实生活中的人，而是腾讯公司开发的写稿机器人Dreamwriter。

2016年5月29日，中国国家地震台网也利用写稿机器人迅速进行了四川绵阳地震信息的播报，并且内容详尽，图文并茂，其中最引人注目的是新闻内容撰稿仅用时6秒。

智能写稿机器人的出现与应用，让很多人大呼惊叹，也让一些人担忧起来，甚至有的人认为智能写稿机器人虽然现在还只能撰写一些“格式化”新闻稿件，但随着技术的不断迭代发展，它们将很快抢走记者、作家等文字工作者的“饭碗”。对此，大家不必过于担心，因为智能写稿机器人的工作原理是基于规则进行逻辑推理，所以它们只能适用于程序化劳作，很难胜任对创新性要求较高的文字工作。

过去，人们前往银行办理自助业务时，遇到不懂的问题往往需要求助银行内的服务人员。而现在随着银行服务机器人的出现，很多基础性问答服务已经不需要银行服务人员亲自出面了。

例如，2016年中国交通银行推出的智能客服机器人“娇娇”，就曾凭借憨态可掬的外表以及幽默风趣的语音“圈粉”无数。它不仅能代替人工为顾客解答银行的基础业务问题，而且还能通过语言识别、

肢体语言等方式与顾客进行一些互动。但是，与Sophia（索菲娅）人形智能机器人一样，“娇娇”也仅能在特定场景中完成自主互动。至于那些需要临场发挥的互动问题，“娇娇”则需人工远程操控才能回答。

从智能程度上来看，像“娇娇”这样的服务型机器人只能算是智能机器人的初始阶段，离真正的自主人机对话还有很远的距离。不过，它们的出现确实让普通大众感受到智能机器人时代真的已经到来。服务型机器人外形科技感十足，能够吸引顾客关注进而利于产品推广，所以很多企业也纷纷引进并提供机器人服务，这对于推动整个智能机器人产业的发展很有帮助。

除了会“耍嘴皮子”，现在很多智能机器人也拥有了不亚于人类的动手能力，甚至有的工作做得比普通人还好。不信？那就给你举一个例子。乒乓球作为中国的国球，可谓妇孺皆知，在中华大地上更是有着无数的乒乓球运动爱好者。而乒乓球运动员要想获得高超的技艺，自然离不开大量的专业训练，但训练时常常需要陪练。后来，虽然出现了乒乓球发球机，但作用有限，并不能模拟真正的比赛场景。

2015年，中国乒乓球学院（隶属于上海体育学院）便与一家智能机器人制造企业合作，开始联合研发一种乒乓球机器人。经过多年努力，他们终于研发出了一种具有实用性的乒乓球多球训练机器人——“庞伯特”。

2020年7月，“庞伯特”正式亮相中国乒乓球学院。它作为全球首款人工智能机器人乒乓球发球机，单是在外形上就无比酷炫，那两条灵活的机械臂在AI算法的辅助下可以还原自然发球动作，进而打出落点不一、旋转不同的球。另外，“庞伯特”还可与手机上相应的APP互联，方便用户在手机端设置乒乓球旋转等级、速度等级及落点位置，从而实现训练方案个性化定制。也就是说，无论对方是一个乒乓球“菜鸟”还是一个乒乓球“高手”，“庞伯特”都有资格成为他的陪练。

另外，随着相关技术的快速发展，智能机器人也开始被应用于医疗领域。它们虽然本质上属于医疗器械，但与传统的医疗器械相比，拥有许多不可思议的功能，有时甚至可以

替代专业医生做某些工作。例如，河南省立眼科医院的诊断机器人“嵩岳”就可用于糖尿病视网膜病变筛查，并帮助前来就诊的患者打印相应的影像报告。

2018年6月5日，“嵩岳”与十几名专业医生展开了一场“人机大战”，即同时对10张糖尿病视网膜病变影像片进行诊断，看谁判断得又快又准。结果，“嵩岳”仅用38秒便完成了比赛，并且其诊断结果与排名前三位医生的读片结果的一致性超过九成。

如果说会看病的“嵩岳”还不足以让你感到惊讶，那么手术机器人的出现绝对会让你大吃一惊。你没有听错，现在很多智能机器人已经可以充当专业医生的得力助手，辅助进行一些大型手术了，比如“达芬奇”“Mazor”“天玑”等。

其中，“天玑”是中国自主研制的新一代国产骨科手术机器人，也是目前世界上唯一一个能够开展四肢、骨盆骨折以及

脊柱全节段（颈椎、胸椎、腰椎、骶椎）手术的骨科机器人系统。从外表上来看，“天玑”由机械臂主机、光学跟踪系统、主控台（内部安有电脑）三部分构成，它们在功能上分别相当于医生的手、眼、脑。

不过，“天玑”的“手”和“眼”可比普通医生的手和眼厉害得多。据介绍，“天玑”身上的那条机械臂不仅运动灵活，而且操作非常稳定，可以达到亚毫米精度。而它的“眼”（光学跟踪系统）除了能透视洞察到患者肌肉骨骼的深处，还能实时监控每一个手术环节。有了“天玑”的辅助，主刀医生不用亲自上手术台就能给病人动手术。

时至今日，“天玑”手术机器人已经在中国几十家医院得到应用，为很多患者带来了福音。并且，随着5G技术的逐渐成熟，中国医生还借助“天玑”完成了多例远程控制手术。

当然，智能机器人的种类远不止本文所介绍的这些。随着科技的快速发展，未来将会有更多价格亲民、功能多样的智能机器人出现。届时，说不定连人们的日常生活用品都能像童话中那样“活”过来，为人类提供更好的服务。

记忆金属：
神奇的功能材料

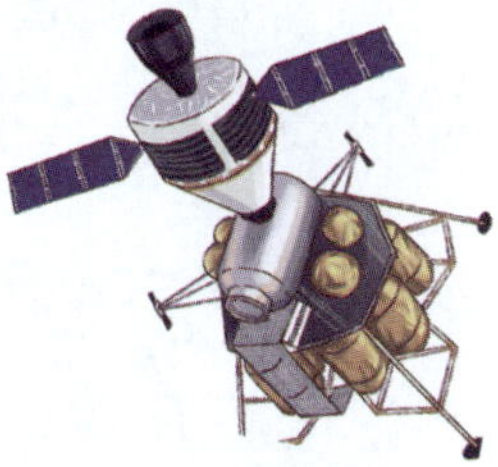

很多喜欢喝热咖啡、热奶茶的小伙伴肯定有过这样的惨痛经历：好不容易等到了自己喜欢的热饮，便迫不及待地插上吸管，猛吸一口。谁料乐极生悲，立刻烫得直伸舌头，有时疼得眼泪都能掉下来。

但如果大家使用的吸管是那种由记忆金属材料制作的儿童防烫吸管，就不会遇到上述问题了。因为当防烫吸管所处的温度高于50℃时，管口就会自动闭合，使饮用者无法吸到热饮；而当热饮温度合适时，它又会恢复正常。为什么这种防烫吸管会具有如此神奇的功能？没错，因为它是由记忆金属材料制作的。

记忆金属又名形状记忆合金，是一种能够记忆自身原有形状的智能材料，通常由两种或三种金属元素构成。不过，大家不要误会，记忆金属所展现的“记忆”能力与生命体所拥有的记忆能力根本不是一回事，它在物理学上被称为合金的形状记忆效应，本质上属于一种特殊的热机械行为。

另外，这种形状记忆效应还可分为单程记忆效应、双程记忆效应和全程记忆效应。如果某些记忆金属在较低的温度下变形，加热后又可恢复到变形前的形状，并且只在加热过程中存在这种现象，那么此形状记忆现象，称为单程记忆效应；同理，如果某些变形后的记忆金属加热时恢复到高温相形状，冷却时又能恢复低温相形状，则称为双程记忆效应；但是，倘若某些变形后的记忆金属加热时恢复到高温相形状，冷却时却变为形状相同而取向相反的低温相形状，则称为全程记忆效应。

说了那么多，想必大家最想知道的还是记忆金属为什么会拥有如此奇特的形状记忆效应。其实，科学家们早就对此进行过研究，最后发现合金的形状记忆效应只是利用了合金固态时其晶体结构随温度发生变化的规律而已。简单来说，就是组成记忆金属的那些合金原子在不同的环境条件下会遵循不同的排列方式，进而使记忆金属在整体外形上发生明显的变化。

例如，一些镍钛系记忆合金在40℃以上和40℃以下时的晶体结构是不同的，当温度在40℃上下变化时，合金就会出现收缩或膨胀，使得它的外在形态发生明显的变化，像上文介绍的儿童防烫吸管便是人们利用了钛镍记忆金属的形变特点制造出来的。

记忆金属这种功能材料常被视为21世纪的新产物，但其实，早在1932年，瑞典的一位科学家便在金镉合金中首次发现了“记忆”效应。后来，又有科学家陆续在一些其他合金中观察到了类似的现象。可惜的是，当时大多数科学家只是把此类现象视为个别材料的特殊表现，没有进行更深入的研究。直到20世纪60年代，镍钛合金的形状记忆效应被发现后，记忆金属才开始大步跨入实用阶段。经过几十年的研发，这种神奇的功能材料目前已经发展为普通记忆金属、高温记忆金属、磁性记忆金属和复合记忆金属这四大类共100多种。

在记忆金属的研究和开发上，美国、日本等发达国家曾一度走在世界前列，并且还较早地实现了记忆金属的产业化。与

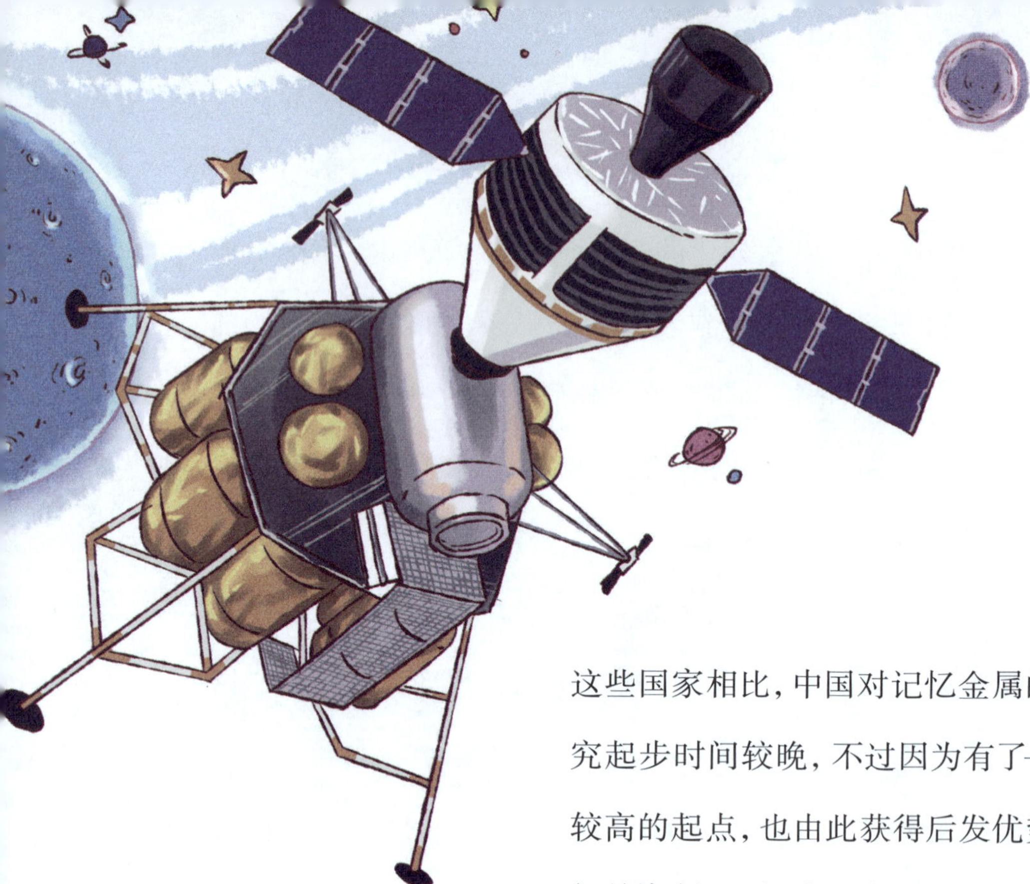

这些国家相比，中国对记忆金属的研究起步时间较晚，不过因为有了一个较高的起点，也由此获得后发优势。

相关资料显示，中国在记忆金属的应用和开发方面已经取得了长足进步，国内也涌现出了一大批以记忆金属原料及产品为主要生产、经营项目的高新科技企业。有的产品正逐步广泛应用于航空航天、生物医学、工业、军事以及建筑等领域。

例如，在现代航空航天领域，记忆金属就一直扮演着不可或缺的角色。无论是先进飞机上的管接头，还是宇宙飞船上的紧固件、机电执行元件等，都离不开它的身影。另外，很多人造卫星上的天线装置也使用了记忆金属，这种天线装置在卫星发射前通常处于折叠状态，占不了多少空间，而当它随着卫星飞到太空后，一旦受到太阳的热照射，便可自动恢复到最初的设计模样并开始工作。

对于一些近视眼的小伙伴来说，如今也可以享受到记忆金属产品带来的便利，因为国内很多眼镜厂商已经可以生产出记忆合金眼镜架了。这种新型眼镜架与传统的眼镜架相比，有着极高的韧性，甚至可以180° 弯曲不变形，即便遇外力扭转也能自动恢复。一些性能优异的记忆合金眼镜架还能随着镜片的热胀冷缩而改变形状，从而保证始终与镜片紧密地结合在一起。

另外，由于某些记忆金属具有良好的抗腐蚀性和组织相容性，所以它们还被当作一种安全的生物医用材料而广泛应用于医学领域。例如，现代化医院接骨用的骨板、牙医常用的矫齿丝、结扎脑动脉瘤的长夹、脊柱矫直用的支板等，都有记忆金属材料的身影。

最不可思议的是，一些记忆金属材料还能结合先进的加工技术，快速制造出人们想要的产品。例如，南京航空航天大学某科研队伍就曾借助一种3D打印技术，成功制备出了记忆金属

（镍钛合金）血管支架，并且整个生产成本要比传统制备方法低得多。

看到这里，估计一些眼尖的小伙伴已经发现，这里所举的例子大多是镍钛形状记忆合金。为什么呢？因为镍钛系记忆合金是记忆金属家族中的明星成员，也是目前发展最为成熟的一种记忆金属，用它来做代表再适合不过了。当然，随着科技的发展，新型记忆金属也在不断地出现，其中也不乏一些某方面性能优越的“网红”记忆金属。当前公认的具有工程应用价值的记忆金属主要有三类：镍钛基、铜基和铁基（一般指铁锰硅基）合金。

常言道：“尺有所短，寸有所长。”在三类具有工程应用价值的记忆金属中，镍钛基记忆金属的可回复变形量最高，综合性能最好，但因成本过高一直没能实现大规模使用；铜基合金虽然成本适中，但因力学性能和形状记忆效应稳定性差的问题，也未获得大规模使用；至于铁基合金，即便拥有低成本以及优良的加工性能和力学性能，也不可避免地存在着可回复变形量低的问题。对于此类问题，很多国家都在积极寻求解决办法，其中也包括中国。

2014年，四川大学文玉华教授所领导的科研小组在铁基合金研究方面取得了不错的进展。他们多年来一直致力于提高铁基合金可回复变形量的研究，正是在此基础上，他们发现了影响铁基记忆金属可回复变形量的关键因素，并通过一种简单的铸造方法将铁基记忆金属可回复变形量提高到7.6%。

这个数值虽然看起来不大，但明显高于传统变形加工合金的水平——3%。另外，该研究成果还为进一步提高铁基合金的可回复变形量提供了理论上的指导以及新的研究思路，使得大规模使用铁基记忆金属成为可能。

2015年，中国政府为了加快记忆金属的产业化发展，还将记忆金属写进了《中国制造2025》，并于2016年12月首次成立国家新材料产业发展领导小组。正是在政府的大力扶持下，中国的记忆金属产业进入了快速发展期，行业市场规模很快突破了百亿元大关，某些记忆金属相关产品的综合技术性能更是达到了同类产品国际领先水平。

从行业成熟度来看，中国的记忆金属产业虽然还处于初级阶段，但全产业链已经基本形成，相信在不远的未来，将会有越来越多的记忆金属产品出现。

歼-20：新一代蓝天卫士

如果你是一位中国军机迷，肯定听说过“黑丝带”或者“银河战舰”，没错，它就是近年来备受关注的歼-20（代号“威龙”）重型战斗机。按照中国战斗机的传统划代标准来看，它属于第四代战机。不过，如果按照欧美国家最新的划分标准，歼-20也可以被称为第五代战机。

大家可能有所不知，当前一款战斗机要想被世界各国普遍认可为第五代战机，它必须满足国际上公认的“4S”标准（术语第一个英文单词首字母都是S），具体来说就是超机动能力、超音速巡航能力、超级态势感知能力和隐身能力。至于高可维护性、反隐身、短距起降、多目标攻击等其他能力，虽然也很重要，但尚未列入普遍认可的第五代战机的必备技术要求。

所谓超机动能力，即战斗机飞行时改变自身姿势的能力。通常情况下，机动性越强的飞机越灵活，在空战中越容易抢占有利地位，从而比对手拥有更多的攻击机会。超音速巡航能力是指战斗机具有极高的飞行速度，即便是在不开启后燃器的情况下也能够持续在1.5马赫（1马赫的速度相当于340.3m/s）以上进行超过30分钟的超音速飞行。而超级态势感知能力，是指运用先进的航空电子系统，使飞行员获得全面的战场态势，把精力集中在高层的战术决策上。至于隐身能力，并不是说具有该能力的战斗机可以凭空消失，让人肉眼不可见，而是说由于采用了特殊的材料和设计，敌方雷达无法搜索到它的踪迹。

与以往的战斗机相比，第五代战机最突出、最具革命性的优势便是隐身设计，因此很多人也称第五代战机为隐身战机。世界上第一款隐身战机是美国生产的F-22（代号“猛禽”），它也是当前全球唯一曾投入实战的第五代战机。由于F–22在诸多性能上远超同一时期的第四代战机，所以在过去很长一段时间里它都是“孤独求败”般的存在。

这对于其他国家来说可不是什么好事。试想一下，有一款外国飞机可以悄无声息地闯入自己国家的领空，并且即便被发现了，也可以仗着优越的性能大摇大摆地溜走，那将是一件多么无奈而又恐怖的事情。为此，很多国家都开始加大力度研制属于自己的第五代战机，其中便包括中国。

不过，隐身战机的研制难度可不同于一般战机。第五代战机的设计与制造涉及航空装备研发的高端技术，甚至还包括一些机密的战略性技术。因此，美国在研制出F–22后，只供自己的空军使用，从不对外销售。

换句话说，中国要想研制第五代战机，就不要奢望任何一个西方国家会在该领域施以援手，况且当时除了美国外也没有哪个国家拥有其他第五代战机。在1997年美国F–22完成首飞的同年，歼–20也紧跟着正式立项，而负责研制这款第五代战机的总设计师便是著名的中国科学院院士——杨伟。

杨伟出生于1963年5月，年少时便以聪明好学而被誉为“小神童”，15岁时更是以初中毕业生的身份参加了当年的高考。与很多男孩子一样，杨伟曾经也有过飞天梦，为此他还参加过招飞行员的考试。遗憾的是，这位天才少年因为存在色弱（色觉异常）问题不得不铩羽而归。后来，色弱这个先天缺陷还给杨伟报考大学造成了不小的麻烦。原来，他的高考成绩虽然达到了西北工业大学的录取条件，但其所报考的航空专业同样对学员视力有要求。

幸运的是，西北工业大学有位教授慧眼识珠。他觉得杨伟是个搞航空研究的好苗子，于是破格录取了这位色弱少年，而杨伟也因此成了大学班级里年纪最小的学生。

光阴似箭，数年的大学生活很快结束。1985年，年方22岁的杨伟已经硕士毕业。当时，按照国家政策，高等学校毕业生的工作由政府分配。也就是说，杨伟毕业后完全不需要自己找工作。但是，他并没有服从学校的分配，而是坚持要到中航工业成都飞机设计研究所工作。

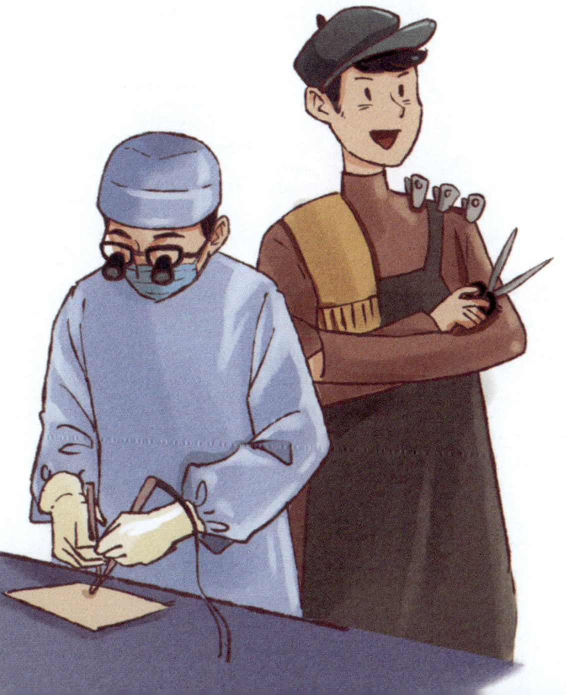

这种要求在当时很多人看来有些“傻”，因为20世纪80年代，中国的军工行业一

点儿也不景气，以至于当时流传有“造原子弹不如卖茶叶蛋，拿手术刀不如拿剃头刀”的顺口溜。

那杨伟为什么一心要去研究所工作呢？原来，他小时候的飞天梦并没有泯灭。既然自己无法飞上天，那就帮忙制造可以助人飞上天的飞机，于是杨伟怀着一腔热血来到了成都飞机设计研究所。当时，研究所的副所长是宋文骢，他也是负责研制歼-10（中国自主研发的第三代战机）飞机的总设计师。杨伟对宋文骢仰慕已久，进所后没多久，他便毛遂自荐要给这位老前辈当助手。

但是宋文骢并没有立即表态，而是让人事处把杨伟安排到一个全新的课题组，负责研制歼-10战机上的数字式电传飞控系统。这项工作极具挑战性，即便对于西方发达国家来说，也是一个难啃的“硬骨头”，比如当年鼎鼎大名的美国F-16战机试飞时就在这个问题上摔过很多跟头。

杨伟虽然没有如愿当上助手，但他并没有感到灰心，而是认真履行上级安排的任务，并且完成得相当出色。后来，通过在工作中与老一辈工程师们密切交流，杨伟进步很快，能力也逐渐得到了周围人的认可，宋文骢还让他担任了总师代表。1996年3月，杨伟及其领导的科研小组，在没有任何经验借鉴的情况下，设计出了可移动飞控实验室和试验台（俗称“铁鸟”），而这对于歼-10的研制起着至关重要的作用。

1998年3月23日，杨伟参与研制的歼-10首飞成功，而他本人也从一个热血青年一步步成长为担任过多个国家重点项目的科研带头人。同年，年仅35岁的他受宋文骢委托，出任成都飞机设计研究所副所长、副总设计师，兼任飞行控制系统总设计师。2001年，杨伟又被任命为总设计师兼常务副所长，主持诸多重大预研项目，而歼-20的设计工作便是这众多项目中最引人注目的一个。

为了把歼-20这款新型战斗机打造成真正的国之重器，杨伟组建了一支卓越的科研团队。大家都很清楚，现代战机的研制工作不可能仅靠一人之力完成，毕竟一款新飞机需历经方案设计、初步设计、详细设计、试制、试飞、定型等多个阶段，才能真正飞向天空，形成战斗力，而且其中每一个阶段都要涉及诸多部门和单位之间的协同合作。这也是一款先进战斗机的研发周期通常都在十年以上的原因。

为了加快研发进度，杨伟等人常常是吃在办公室，睡在试验场，有的人甚至病了也不下火线。正是凭借着“拼命三郎”的精神，他带领团队走出了一个又一个技术困境。

当歼-10逐步成为中国现役主力战机时，歼-20的相关研制工作也在快速向前推进。2011年1月11日，中国首架歼-20技术验证机试飞成功。这个消息公布后，很多人都为之振奋，认为过不了多久中国将会像美国一样拥有真正的隐身战机。

当然，有人唱赞歌自然有人泼冷水。一些人认为，即便歼-20真的达到了第五代战机的“4S”标准，也没什么值得赞扬的，因为在他们印象中，航空发动机一直都是中国技术的短板，以至于很多中国战机虽然有着不错的设计性能，但必须靠进口外国的发动机才能真正得到发挥。例如，由于缺乏合格的国产发动机，歼-10在过去很长一段时间里被迫使用俄制AL-31FN发动机。

形象地说，航空发动机就是一架飞机的心脏，那么歼-20是不是也得为了拥有足够的动力被迫放弃采用“中国心”？关于这一点，大家无须担心，因为在杨伟总设计师领导的队伍中有一位名为甘晓华的航空动力专家。为了“治疗”中国战机的“心脏病”，这位工程师与同事奋斗了无数个日夜，终于研制出了合格的国产新型发动机，而甘晓华本人也因贡献突出被中央军委记一等功。

2017年，对于歼-20来说是一个特别值得纪念的年份，因为在这一年它不仅装配上了国产发动机，而且还正式进入空军序列，成为世界上第三种（另外两款分别是美国的F-22和F-35）正式服役的第五代战机。随着训练时间的加长，歼-20也开始真正具备实际作战能力。

在2019年10月1日的国庆阅兵式上，歼-20还与歼-16、歼-10C一起组成战斗队形接受检阅。我们完全有理由相信，随着歼-20的加入，中国的领空将会更加安全。

5G：连接未来的通信系统

说起5G，想必大家都不陌生，毕竟它近年来频频出现在各大媒体的新闻中。那么，你们知道什么是5G吗？其实，这里的G是英文单词Generation的缩写，中文意思为“代”。所谓的5G，即第五代移动通信技术的简称。

从最初的1G到现在方兴未艾的5G，移动通信技术每更新一代，其传

输的信息量都会成倍地增长。对于4G网络大家应该非常熟悉了，它可以让人们轻松实现语音通信和视频聊天，而5G网络是4G网络的升级版。与4G相比，5G可以为人们提供更快的网络下载速度，更流畅的高像素视频效果，信息传输峰值速率理论上可达10GB/s。这意味着，人们传输一部高清电影仅需要短短的几秒钟。

除了信息传输速度极快外，5G还具有超可靠低延迟、高容量等特点，这使得万物互联成为可能。所谓万物互联，即将人、流程、数据和事物结合在一起使得网络连接变得更加相关，更有价值。通俗来说，就是人与人、人与物、物与物之间借助移动化联网连成一体，使整个世界变得更加信息化和智能化，从而实现很多以前无法想象的场景。

例如，路上行驶着许多无人驾驶的出租车，它们会根据人们的需要随叫随停；工厂会根据每个顾客的个性化要求生产商品；数码牙刷在帮助人们刷牙的同时还能自动进行口腔健康检查。

未来智能世界固然令人向往，但这一切都需要一个前提——5G网络全覆盖。这意味着人们需要建造大量的5G通信基站，并且数量上要比4G通信基站多得多。很多人担心5G通信基站会不会产生比4G更大的电磁辐射，进而危害人体健康。其实，这种担心是多余的。电磁辐射本来就无处不在，比如大家经常使用的吹风机、电视机、手机等也会产生电磁辐射，只不过它们的电磁辐射量都在安全范围内。

至于5G通信基站，它的信息传输速度虽然比4G快，但基站的电磁辐射量并没有明显增加，因为网络速度的提升不是靠增强通信基站的信号发射功率，而是靠扩容传输带宽来实现的，形式上就像拓宽高速公路一样。因此，5G通信基站跟4G通信基站一样，其产生的电磁辐射量不足以对人体健康构成威胁。

由于5G具有至关重要的作用，所以近年来世界各国纷纷开始布局自己国家的5G建设，一些国家更是早早地推出了5G商用服务。不过，5G网络需要借助相应的5G技术（比如系统、硬件设备等）的支持才能真正发挥作用，而当前掌握5G核心技术的国家并不多，能研发并提供5G系统和设备的更是凤毛麟角，中国便是其中之一。

中国的5G技术在当今世界上确实称得上是一流水平，但你从1G、2G时代的“边缘角色”，到3G时代的寻求突破，再到4G时代的与世界比肩同行，中国一直没有忘记打造自己的核心通信技术。如今，随着5G时代的全面到来，中国的5G技术终于迎来了大显身手的机会。

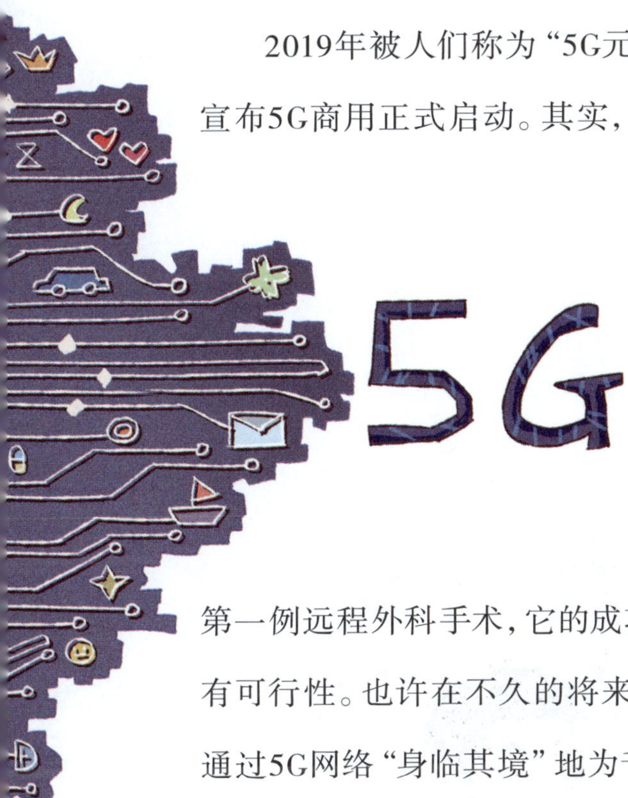

2019年被人们称为“5G元年”，中国也于当年10月31日宣布5G商用正式启动。其实，早在这之前，中国便陆陆续续进行过很多次5G试用试验。例如，2019年1月，中国的一位外科医生就曾利用5G网络操控50千米外的机械臂，对一只小猪进行了肝小叶切除手术。这是全球第一例远程外科手术，它的成功标志着5G远程医疗完全具有可行性。也许在不久的将来，专业外科医生便可在家里通过5G网络“身临其境”地为千里之外的患者实施手术。

如果说2019年是5G崭露头角的一年，那么2020年便是5G建设全面爆发的一年。在这一年里，世界各国为了抢占先机，纷纷布局5G。其中，中国无论是在5G建设速度上还是5G建设规模上，都可谓一骑绝尘。截至2020年11月，中国已建成近70万个5G基站，5G终端连接数已超过1.8亿，甚至在珠穆朗玛峰6500米的前进营地上也建有5G基站，并成功实现了珠峰峰顶5G覆盖。与那些建在城市里的通信基站相比，该基站是目前世界上海拔最高的5G基站。

中国人口众多，拥有世界上最大的互联网用户群体，所以随着国内5G网络的全面普及，中国的市场优势将会得到进一步释放。总之，无论从哪个角度来看，中国都在全球5G普及中扮演着不可或缺的角色。

5G，你准备好了吗？